Autodesk ATC 认证考试中心推荐教材

Fusion 360

基础教程

魏　峥　宋培培　主编

谷连旺　郭　洋　李红霞　副主编

化学工业出版社

·北京·

本书主要内容包括 Fusion 360 入门、创建草图、基础建模、高级建模、零部件装配与工程图和 3D 打印等。与本书配套使用的教学资源可通过发送邮件至 fusion360jcjc@163.com 获取。

本书既可作为高等院校、高等职业院校计算机辅助设计与制造专业核心课程的教材，也可作为制造大类相关专业的教材，还可作为机械行业技术人员、操作人员的岗位培训教材。

图书在版编目（CIP）数据

Fusion 360 基础教程/魏峥，宋培培主编. —北京：化学工业出版社，2019.9（2023.7重印）
ISBN 978-7-122-34836-4

Ⅰ.①F… Ⅱ.①魏… ②宋… Ⅲ.①机械设计-计算机辅助设计-应用软件-高等职业教育-教材 Ⅳ.①TH122

中国版本图书馆 CIP 数据核字（2019）第 140909 号

责任编辑：刘丽菲 　　　　　　　　　装帧设计：关　飞
责任校对：王鹏飞

出版发行：化学工业出版社（北京市东城区青年湖南街 13 号　邮政编码 100011）
印　　装：北京科印技术咨询服务有限公司数码印刷分部
787mm×1092mm　1/16　印张 9¾　字数 228 千字　2023 年 7 月北京第 1 版第 3 次印刷

购书咨询：010-64518888 　　　　　　　售后服务：010-64518899
网　　址：http://www.cip.com.cn
凡购买本书，如有缺损质量问题，本社销售中心负责调换。

定　　价：39.80 元

本书编写人员

主　　编：魏　峥　宋培培

副 主 编：谷连旺　郭　洋　李红霞

编写人员：魏　峥　宋培培　谷连旺　郭　洋　李红霞　李春芳

　　　　　娄镜浩　杨朝全　李　伟　丁宇宁　姜文革　周重锋

　　　　　谷　宏　宋士强　陈建荣　夏利岩　曹兆革　闫庆月

　　　　　王德明　张　杨　罗宝林

序

我国经济经过多年的持续发展，各行各业的生产力和技术得到迅猛发展，人们的生活水平快速提升。企业为市场提供了丰富的各种产品，消费者面对琳琅满目、同质化严重的产品，陷入了选择困难症，对差异化、个性化定制产品的需求越来越高。

企业在面对越来越激烈的市场竞争和客户需求的新变化时，为提高自身的生存能力和核心竞争力，在企业的设计、生产、管理、市场和维护等各环节不断探索新模式，寻求新形势下的竞争优势。中国制造2025，是我国提出的制造强国战略，明确了制造业发展的方向，在鼓励创新创业的政策支持下，各种创新型企业和团队在各行各业不断酝酿、发展和壮大，形成百花争艳、全面开花的新局面。

近年来，企业的产品开发和生产制造出现了新的变化。一是设计工具和设计方法不断更新，产品开发和生产制造的数字化程度不断提高和优化，特别是不同环节中数据传递的无缝连接，形成了可靠、正确的数据流，提高了生产效率和产品品质。二是产品数据在产品生命周期中的管理，数字化工厂的应用水平不断提升，企业生产和管理得到整合和优化。三是新生产方式的应用，其中以3D打印和工业机器人的应用最具有代表性，为企业的生产提供了新的模式，特别是为创新设计、小批量和大批量的高效生产提供了可行的、有效的手段。即使面对产品创新和生命周期快速迭代的新挑战，数字化设计和3D打印技术的结合应用，也使制造企业有能力采取更灵活的方式响应客户需求，在产品设计与定制中大胆尝试，开发出更多样的、更具个性化的新产品。

近年来，职业技能教育在智能化、数字化和自动化方向不断尝试和探索，培养具备新生产模式所需的人才；同时，结合创新创业的模式，学生在校期间就可以在学校的支持和老师的指导下，学习数字化设计和生产制造技术，进行创业尝试。

在此环境下，学习和掌握一款易学易用，能够应用于产品开发设计和数字化制造的设计工具是机械类专业师生和制造行业从业人员的迫切需要。Fusion 360正是居于这种需求，由Autodesk公司开发的，整合了三维CAD/CAM，基于云平台的综合性开发平台，将整个产品开发流程紧密衔接在一起，从产品的概念设计、结构设计、工程图和产品展示，到运动仿真、模拟分析、CAM加工、3D打印，设计数据在整个流程中无需转换，无缝兼容。

魏峥教授团队主编的这本Fusion 360教程，以产品开发的典型流程，结合大量实例，将产品设计、三维建模、应用技巧结合在一起。读者通过本书的学习，不仅可以掌握一款设计工具，而且能够了解企业真实产品开发的基本方法和技术。

温广云

2019年6月于广州

前　言

功能强大、易学易用和技术创新是 Fusion 360 的三大特点，这使得 Fusion 成为领先的、主流的三维 CAD 解决方案。Fusion 360 具有强大的建模能力、虚拟装配能力、灵活的工程图设计和自动编程能力，其理念是帮助工程师设计伟大的产品，使设计师更关注产品的创新而非软件本身。

本书介绍的是中文版 Fusion 软件的基本功能模块，以产品设计开发的一般过程为主线，通过大量操作实例，深入浅出地介绍 Fusion 360 软件的 CAD 功能。通过学习本书，能使初学者在较短时间内掌握 Fusion 360 软件的基本操作方法，并运用于实际工作中。本书编写的指导思想是加强基本理论、基本方法和基本技能的培养，在此基础上以建模为主线，注重操作技能和 CAD/CAM 设计思路的培养。本书详细介绍了 Fusion 360 的草图绘制方法、特征命令操作、零件建模思路、零件设计、装配设计、工程图设计和 3D 打印等方面的内容，从草图入手，逐步向三维实体延伸；从建立基本形体起步，不断向结构复杂的零件级实体模型深入，最终以灵活掌握常用机械零部件的设计建模、装配建模、工程图生成方法和数控编程思路为目的，注重实际应用和技巧训练相结合，注重应用性和工程化。

本书讲解步骤在图中均有清晰标注，另外本书各模块后均设置任务拓展，部分有练习集，不仅起到巩固所学知识和实战演练的作用，并且对深入学习 Fusion 360 有引导和启发作用。为方便读者学习，本书提供了大量实例的素材和操作视频。本书配套使用的教学资源可发邮件至 fusion360jcjc@163.com 获取。

在编写过程中，我们充分吸取了 Fusion 360 授课经验，同时，与 Fusion 360 设计者和爱好者展开了良好的交流，充分了解他们在应用 Fusion 360 过程中所急需掌握的知识内容，力求做到理论和实践紧密结合。

感谢世界技能大赛"CAD 机械设计"赛项国家队教练组组长温广云教授对本书的通篇审稿，感谢欧特克 ACAA 教育 & Autodesk 中国教育管理中心在本书编写过程中给予的大力支持。本书被列为 Autodesk ATC 认证考试中心推荐教材。

由于我们水平有限，加上时间仓促，虽经再三审阅，但书中仍有可能存在不足之处，恳请各位专家和朋友批评指正！

编　者
2019 年 6 月

目 录

模块一

Fusion 360入门

课题1 Fusion 360 软件简介与安装

学习目标

1. 了解 Fusion 360 软件功能。

2. 熟悉 Fusion 360 软件注册及安装。

工作任务

注册及安装 Fusion 360 软件。

任务实施

1. Fusion 360 软件简介

Fusion 360 是 Autodesk 推出的一款基于云计算的新一代 CAD/CAM 产品开发平台。它将工业和机械设计、仿真、协作以及加工组合在一个软件包中。利用 Fusion 360 中的工具，可通过集成的概念到生产工具集快速轻松地探索设计创意。

2. Fusion 360 软件安装

登录 Autodesk 官方网站 （https：//www.autodesk.com.cn），在 Autodesk 官方网站中选择【菜单】|【下载】|【免费学生版软件】命令，在其中找到 Fusion 360，如图 1-1 所示，进行软件下载、注册和安装。

官方面向学生或教师提供三年免费有效期限，只要以学生或教师的身份注册会员，下载安装就能享用。

> 💡 **提示：关于安装注意事项。**
>
> ① 在安装过程中计算机需要网络支持。
>
> ② 注册用邮箱需要证明教师或学生身份的邮箱（××××.edu.cn）。

图 1-1　Autodesk 官方网站

课题 2　认识 Fusion 360

学习目标

1. 掌握启动 Fusion 360 的方法。
2. 初步认识 Fusion 360 窗口界面。
3. 熟悉 Fusion 360 视图操作。
4. 掌握退出 Fusion 360 的方法。

工作任务

认识 CAD/CAM 软件，一般从软件的启动方法、窗口界面、基本操作、软件的退出等方面入手。

任务实施

1. 启动 Fusion 360

双击快捷方式图标 ，即可启动 Fusion 360。

2. 认识 Fusion 360 界面

启动 Fusion 360 后，系统进入如图 1-2 所示的 Fusion 360 工作界面。

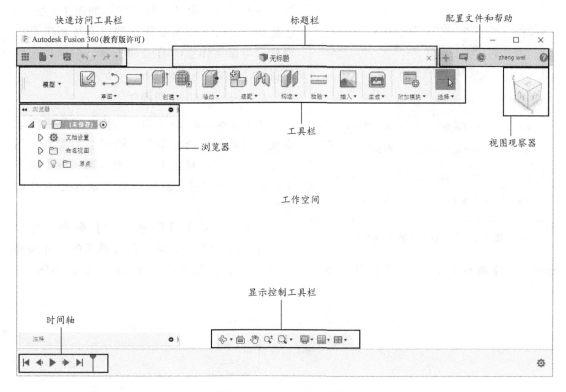

图 1-2 Fusion 360 工作界面

该界面主要包括以下内容。

（1）快速访问工具栏：访问数据面板、文件操作、保存、撤销和重做功能。

（2）标题栏：显示当前文件名和关闭功能。

（3）配置文件和帮助：在配置文件中，可以控制配置文件和账户设置，或者使用"帮助"菜单来继续学习或获取帮助解决问题。

（4）工具栏：命令图标集合，可以选择作业的工作空间。

（5）浏览器：浏览器会列出设计中的对象。使用浏览器可更改对象和控制对象的可见性。

（6）视图观察器：动态观察设计或从标准视图位置查看设计。

（7）时间轴：列出设计执行的操作。在时间轴中的操作上单击鼠标右键可进行更改。拖动操作可更改操作的计算顺序。

（8）显示控制工具栏：用于缩放、平移和动态观察设计的命令。显示设置可控制界面的外观以及设计在画布中的显示方式。

> 💡 **提示：关于时间轴。**
>
> Fusion 360 的另外一大特色是时间轴，可以通过时间轴来记录画图历史，方便后续制作时进行查阅与修改。当需要修改上一步或者几步的操作时，修改历史记录会对后续步骤产生相应的影响。

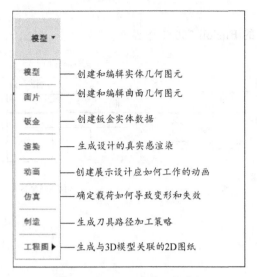

图 1-3　Fusion 360 的工作空间

模型 ▼

模型 —— 创建和编辑实体几何图元
面片 —— 创建和编辑曲面几何图元
钣金 —— 创建钣金实体数据
渲染 —— 生成设计的真实感渲染
动画 —— 创建展示设计应如何工作的动画
仿真 —— 确定载荷如何导致变形和失效
制造 —— 生成刀具路径加工策略
工程图 ▶ —— 生成与3D模型关联的2D图纸

3. 了解工作空间

Fusion 360 有 8 个不同的工作空间，它们被统一到了一个设计软件包中，如图 1-3 所示。在处理设计时，切换工作空间将会更新工具栏以显示与该工作空间有关的工具，但会保留模型在设计环境中的显示状态。

4. Fusion 360 视图操作

在 Fusion 360 的使用过程中，经常需要改变观察对象的方法和角度，通过视图操作，用户可以使用不同显示方法查看对象。视图控制工具栏，见图 1-4，运用键盘和鼠标完成视图操作。

点击【帮助】|【快速设置】命令，出现【快速设置】对话框，可以选择熟悉的控件来操作模型，本教材以 CAD 新手为例设置平移、缩放、动态观察操作的快捷方式，如图 1-5 所示。

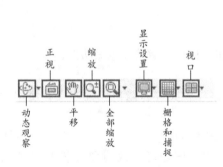

图 1-4　视图控制工具栏

正视　缩放　显示设置　视口
动态观察　平移　全部缩放　栅格和捕捉

图 1-5　【快速设置】对话框

① 平移。按住鼠标中键拖动。

② 缩放。方法一：在图形窗口滚动鼠标中键滚轮。方法二：在图形窗口按住鼠标中键上下拖动。

③ 动态观察。按住 Shift 键，在图形窗口按住鼠标中键并拖动，此时的旋转中心为视图中心。

💡 提示：关于鼠标操作方式。

在选取默认操作方式时，建议用户尝试每一种操作方式，选取较为习惯的鼠标操作会让用户建模周期大大缩短。

课题 3 体会 Fusion 360 建模

学习目标

1. 掌握项目管理的方法。
2. 掌握文件操作的方法。
3. 体会 Fusion 360 建模过程。

工作任务

图 1-6 所示为挡块模型，通过创建挡块三维模型，快速了解和使用 Fusion 360 进行 CAD 建模过程。

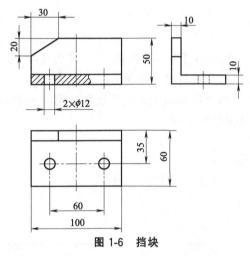

图 1-6 挡块

任务实施

1. 项目管理

（1）新建项目

进入 Fusion 360 后，单击【快速访问工具栏】上的【显示数据面板】按钮 ▦，出现【项目管理】对话框。

① 单击【新建项目】按钮；

② 在【项目】文本框输入"Fusion 360 基础教程"，如图 1-7 所示。

💡 提示：关于使用项目。

接下来我们绘制的模型将全面存入在这个项目中，这个项目的所有数据将存在云端，也就是我们在任何终端上访问服务器都可以进行编辑，或邀请其他成员一起参与这个项目，大家可以共享数据，而不必使用复制数据转移的方式来实现共享。

图1-7　新建项目

（2）新建文件夹

双击【Fusion 360 基础教程】项目，进入【Fusion 360 基础教程】项目管理对话框。

① 单击【新建文件夹】按钮；

② 命名文件夹为"模块一 Fusion 360 入门"。

如图1-8 所示。

（3）新建文件

单击【快速访问工具栏】上的【保存】按钮[图]，出现【保存】对话框。

① 在【名称】文本框输入"我的第一个 Fusion 360 模型"；

② 在【位置】列表栏选择"Fusion 360 基础教程＞模块一 Fusion 360 入门"。

如图1-9 所示，单击【保存】按钮。

图1-8　新建文件夹

图1-9　新建文件

💡 提示：关于文件保存格式。

在 Fusion 360 软件中，导入与导出模型时，默认保存格式为 f3d。

2. 创建毛坯

（1）选择工作面

选择【草图】|【创建草图】命令，选择前视图为草图绘制平面，如图1-10 所示。

（2）绘制草图

① 选择【草图】|【直线】命令，绘制草图；

② 选择【草图】|【草图尺寸】命令，标注尺寸；

③ 单击【终止草图】按钮 ，完成草图绘制，结果如图 1-11 所示。

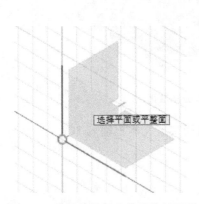

图 1-10 选择前视图为草图绘制平面

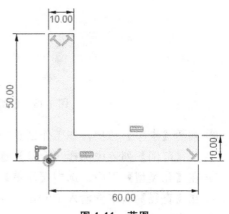

图 1-11 草图

（3）拉伸

选择【创建】|【拉伸】命令，出现【拉伸】对话框。

① 激活【轮廓】选项，在工作区选择草图轮廓；

② 从【方向】列表中选择【对称】选项；

③ 在【测量】组中，选中【全长】按钮；

④ 在【距离】文本框输入 100。

如图 1-12 所示，单击【确定】按钮。

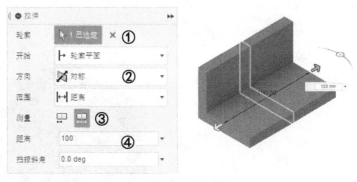

图 1-12 创建拉伸体

3. 创建粗加工特征

（1）创建对称基准面

选择【构造】|【中间平面】命令，出现【中间平面】对话框，在工作区选择两个面，如图 1-13 所示，单击【确定】按钮，创建两个面的二等分基准面。

（2）打孔

选择【创建】|【孔】命令，出现【孔】对话框，如图 1-14 所示。

① 激活【面】选项，在工作区选择孔放置面；

② 激活【参考】选项，在工作区选择后边，在【距离】文本框输入 35；

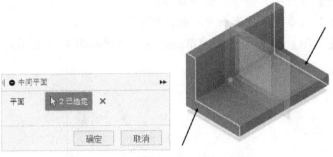

图 1-13　创建两个面的二等分基准面

③ 激活【参考】选项，在工作区选择左边，在【距离】文本框输入 20；

④ 从【范围】列表中选择【全部】选项；

⑤ 在【孔类型】组中，选中【简单】按钮；

⑥ 在【直径】文本框输入 12mm。

单击【确定】按钮。

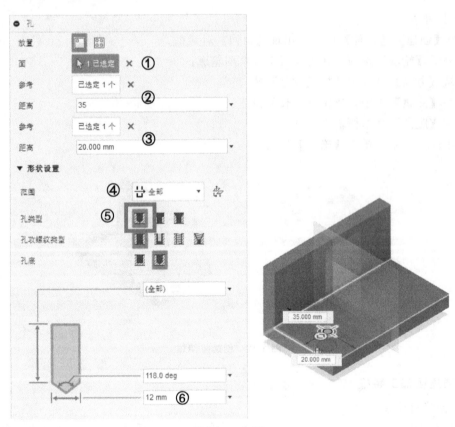

图 1-14　打孔

（3）镜像孔特征

选择【创建】|【镜像】命令，出现【镜像】对话框。

① 激活【对象】选项，在工作区选择"简单孔"；

② 激活【镜像平面】选项，在工作区选取镜像面。

如图 1-15 所示，单击【确定】按钮，建立镜像特征。

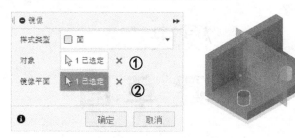

图 1-15　完成镜像特征

4. 创建精加工特征

选择【修改】|【倒角】命令，出现【倒角】对话框。

① 激活【边】选项，选择拉伸体左边为倒角边；

② 从【倒角类型】列表中选择【两个距离】选项；

③ 分别在两个【距离】文本框中输入 20mm、30mm。

如图 1-16 所示，单击【确定】按钮，完成倒斜角。

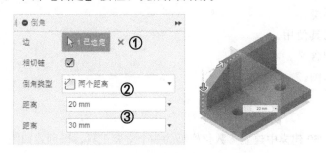

图 1-16　倒斜角

5. 完成模型

单击【快速访问工具栏】上的【保存】按钮，保存文件。

注意：用户应该经常保存所做的工作，以免产生异常时丢失数据。

任务拓展

试建立如图 1-17、图 1-18 所示简单三维建模。

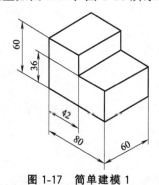

图 1-17　简单建模 1

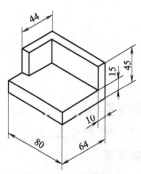

图 1-18　简单建模 2

模块二

创建草图

课题 1　创建简单草图

学习目标

1. 熟悉草图环境。
2. 熟悉草图工具使用。
3. 理解约束的含义。
4. 掌握退出草图。

工作任务

草图是 Fusion 360 建模中建立参数化模型的一个重要工具，试创建如图 2-1 所示简单草图。

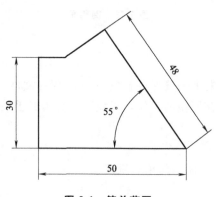

图 2-1　简单草图

任务实施

1. 新建零件

新建文件"简单草图.f3d"。

2. 新建草图

选择【草图】|【创建草图】命令，选择右视图为草图绘制平面，如图 2-2 所示。

3. 绘制大致草图

（1）绘制水平线

选择【草图】|【直线】命令，选择基准坐标系的点，向右移动鼠标，在大约长 50mm 处的位置，单击确定水平线的终止点，如图 2-3 所示。

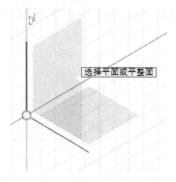

图 2-2　选择右视图为草图绘制平面

图 2-3　绘制水平线

> 💡 提示：关于自动添加约束。
>
> 在光标中出现一个 ⎯⎯⎯ 形状的符号，这表明系统将自动给绘制的直线添加一个"水平"的几何关系。

（2）绘制具有一定角度的直线

从终止点开始，绘制一条与水平直线具有一定角度的直线，单击确定斜线的终止点，如图 2-4 所示。

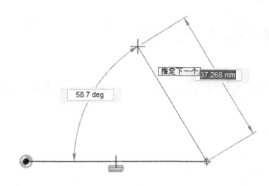

图 2-4　绘制具有一定角度的直线

> 💡 提示：关于绘制直线。
>
> 绘制直线时，绘制完成一段直线后，指令仍在继续，按＜Esc＞键可结束此指令。在绘制直线以及圆弧时，可以输入尺寸修改参数，按＜Enter＞键确认。

（3）绘制垂直线

移动光标到与前一条线段垂直的方向，系统将显示出垂直几何关系，单击确定垂直线的终止点，如图 2-5 所示。

💡 **提示：关于自动添加约束。**

当前所绘制的直线与前一条直线垂直将会自动添加"垂直" ⊥ 几何关系。

（4）利用推理线作为参考线绘制直线

移动光标到与原点重合的位置，系统将显示出辅助线，单击确定得垂直线的终止点，如图 2-6 所示。

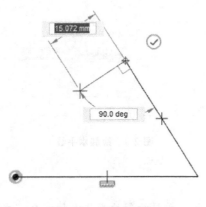

图 2-5　绘制垂直线

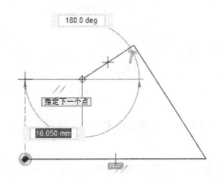

图 2-6　利用推理线作为参考绘制直线

💡 **提示：关于推理线（1）。**

这种推理线，在绘图过程中只起到了参考作用，并没有自动添加几何关系。

（5）封闭草图

移动鼠标到原点，单击确定终止点，如图 2-7 所示。

4. 添加尺寸约束

选择【草图】|【草图尺寸】命令，标注尺寸，首先标注角度，然后标注水平线、斜线和竖直线，如图 2-8 所示。

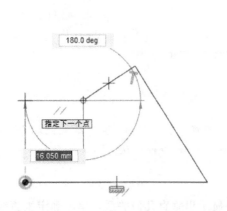

图 2-7　封闭草图

图 2-8　标注尺寸

💡 **提示：关于推理线 (2)。**

使用尺寸可控制草图对象的大小与位置。键盘上的快捷键为<D>，在绘制草图中，通常会用到此命令。

5. 结束草图绘制

单击【终止草图】按钮🔲，完成草图绘制。

6. 存盘

单击【快速访问工具栏】上的【保存】按钮🔲，保存文件。

任务拓展

试完成如图 2-9 和图 2-10 所示简单草图。

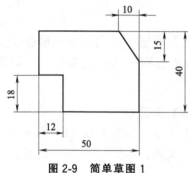

图 2-9　简单草图 1

图 2-10　简单草图 2

课题 2　创建对称草图

学习目标

1. 掌握添加几何约束的方法。
2. 掌握对称零件的绘制方法。

工作任务

对称草图是工程中常见的草图形式，试创建如图 2-11 所示对称草图。

任务实施

1. 新建零件

新建文件"对称草图 .f3d"。

2. 新建草图

选择【草图】|【创建草图】命令，选择右视图为草图绘制平面。

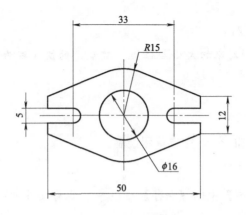

图 2-11   对称草图

3. 绘制草图

（1）绘制基准线

① 在【草图选项板】中，单击【选项】组的【构造】按钮 ∠ ，打开绘制构造线选项。

② 选择【草图】|【直线】命令，绘制一条水平构造线和一条竖直构造线，如图 2-12（a）所示。

③ 在【草图选项板】中，单击【约束】组的【重合】按钮 ⌐ 。

④ 在工作区选择水平构造线和原点，建立【重合】关系，如图 2-12（b）所示。

⑤ 在工作区选择竖直构造线和原点，建立【重合】关系，如图 2-12（c）所示。

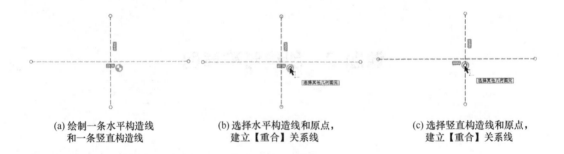

(a) 绘制一条水平构造线   (b) 选择水平构造线和原点，   (c) 选择竖直构造线和原点，
　　和一条竖直构造线　　　　　　　建立【重合】关系线　　　　　　　建立【重合】关系线

图 2-12   绘制水平构造线和竖直构造线

⑥ 选择【草图】|【直线】命令，绘制一条竖直构造线。

⑦ 选择【草图】|【镜像】命令，出现【镜像】对话框。

• 激活【对象】选项，在工作区选择"一条竖直构造线"；

• 激活【镜像线】选项，在工作区选取镜像线；

• 如图 2-13 所示，单击【确定】按钮。

⑧ 选择【草图】|【草图尺寸】命令，标注尺寸，如图 2-14 所示。

⑨ 在【草图选项板】中，单击【选项】组的【构造】按钮 ∠ ，关闭绘制构造线选项。

（2）画圆

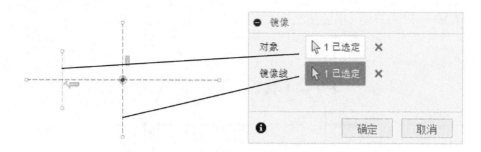

图 2-13　绘制对称直线

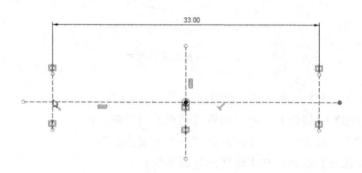

图 2-14　标注尺寸

① 选择【草图】|【圆】|【中心直径圆】命令，分别捕捉圆心绘制圆，如图 2-15（a）所示；

② 在【草图选项板】中，单击【约束】组的【相等】按钮 ＝，在工作区选择 2 个小圆，建立相等关系，如图 2-15（b）所示；

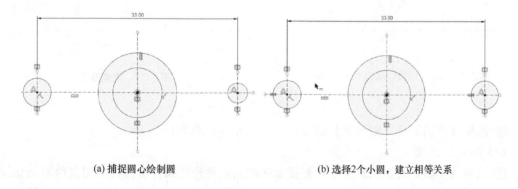

(a)捕捉圆心绘制圆　　　　　　　　　　(b)选择2个小圆，建立相等关系

图 2-15　分别捕捉圆心绘制圆并建立相等关系

③ 选择【草图】|【草图尺寸】命令，标注尺寸，如图 2-16 所示。

（3）画直线

①选择【草图】|【直线】命令，绘制一条竖直直线。

②在【草图选项板】中，单击【约束】组的【对称】按钮 中，在工作区选择直线 2 个

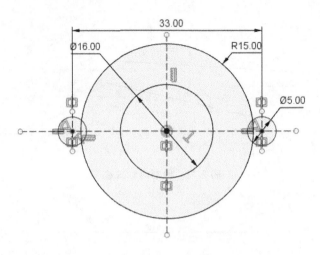

图 2-16 标注直径尺寸

端点和水平基准线，建立对称关系，如图 2-17 所示。

③ 选择【草图】|【镜像】命令，出现【镜像】对话框。
- 激活【对象】选项，在工作区选择"一条竖直直线"；
- 激活【镜像线】选项，在工作区选取镜像线；
- 如图 2-18 所示，单击【确定】按钮。

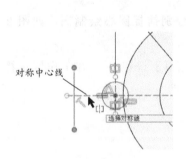

图 2-17 绘制直线，建立对称关系

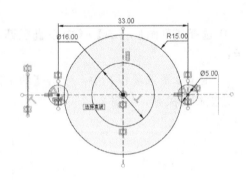

图 2-18 镜像直线

④ 选择【草图】|【草图尺寸】命令，标注尺寸，如图 2-19 所示。

（4）画相切直线

① 选择【草图】|【直线】命令，捕捉直线端点，再选择圆自动捕捉相切点绘制相切线，如图 2-20 所示。

② 选择【草图】|【直线】命令，捕捉圆和中心线交点，绘制直线，如图 2-21 所示。

（5）修剪

选择【草图】|【修剪】命令，在工作区选择要剪切的部分，如图 2-22 所示。

4. 结束草图绘制

单击【终止草图】按钮 ⬛，完成草图绘制。

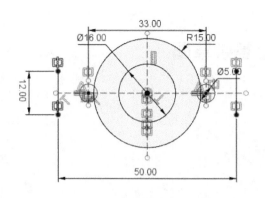

图 2-19　标注尺寸

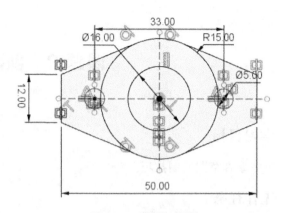

图 2-20　绘制相切线

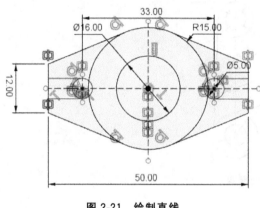

图 2-21　绘制直线

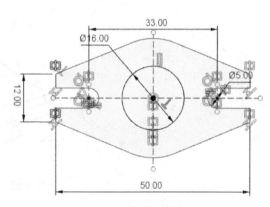

图 2-22　修剪完成草图

5. 存盘

单击【快速访问工具栏】上的【保存】按钮![button]，保存文件。

任务拓展

试完成如图 2-23、图 2-24 所示对称草图。

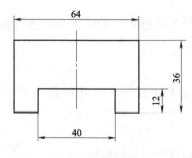

图 2-23　对称草图 1

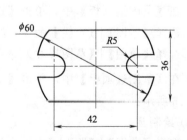

图 2-24　对称草图 2

课题 3　创建复杂草图

学习目标

掌握草图绘制技巧。

工作任务

试创建如图 2-25 所示复杂草图。

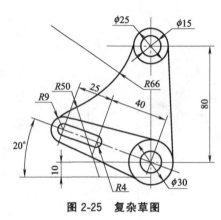

图 2-25　复杂草图

任务实施

1. 新建零件

新建文件"复杂草图.f3d"。

2. 新建草图

选择【草图】|【创建草图】命令，选择右视图为草图绘制平面。

3. 绘制草图

（1）绘制基准线

① 在【草图选项板】中，单击【选项】组的【构造】按钮 ，打开绘制构造线选项；

② 选择【草图】|【直线】命令，绘制构造线；

③ 选择【草图】|【草图尺寸】命令，标注尺寸；

④ 在【草图选项板】中，单击【选项】组的【构造】按钮 ，关闭绘制构造线选项。
如图 2-26 所示。

（2）绘制圆

① 选择【草图】|【圆】|【中心直径圆】命令，分别捕捉圆心绘制圆；

② 为直径 15 圆和直径 8 圆添加相等几何关系；

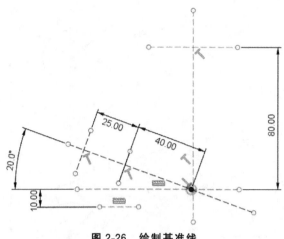

图 2-26　绘制基准线

③ 标注尺寸，如图 2-27 所示。

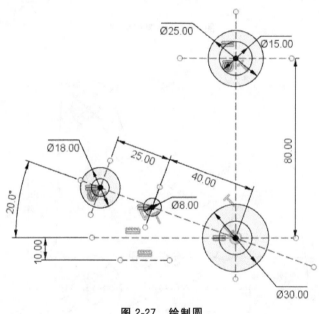

图 2-27　绘制圆

（3）绘制相切圆

① 单击【主页】选项卡【曲线】区域的【圆】◯按钮，在图形区绘制 2 个相切圆 $R60$ 和 $R50$；

② 标注尺寸；

③ 单击【主页】选项卡【曲线】区域的【快速修剪】↘按钮，在图形区选择要剪切的部分，如图 2-28 所示。

（4）绘制相切直线

① 单击【主页】选项卡【曲线】区域的【直线】╱按钮，在图形区绘制相切直线；

② 单击【主页】选项卡【曲线】区域的【快速修剪】↘按钮，在图形区选择要剪切的部分，如图 2-29 所示。

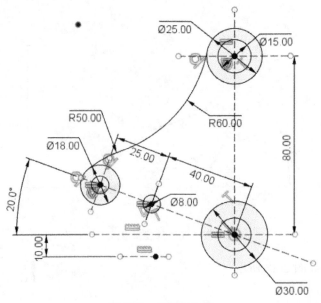

图 2-28　绘制相切圆

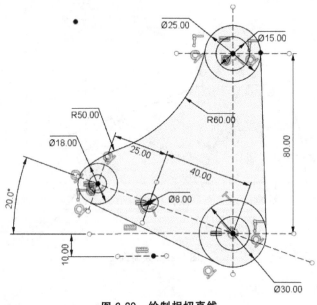

图 2-29　绘制相切直线

4. 结束草图绘制

单击【主页】选项卡中【草图】区域的【完成草图】按钮 。

5. 存盘

选择【文件】|【保存】命令，保存文件。

任务拓展

试完成如图 2-30、图 2-31 所示复杂草图。

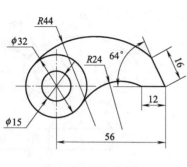

图2-30 复杂草图1

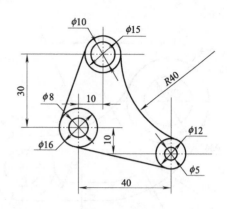

图2-31 复杂草图2

练习集

试完成如图 2-32～图 2-37 所示草图。

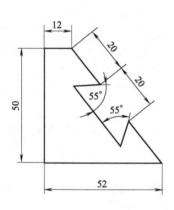

图2-32 练习1

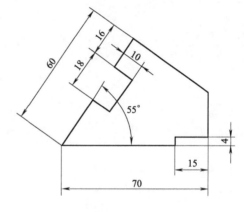

图2-33 练习2

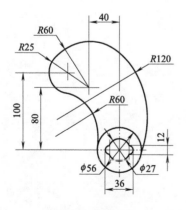

图2-34 练习3

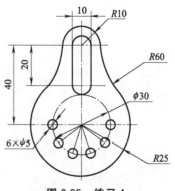

图2-35 练习4

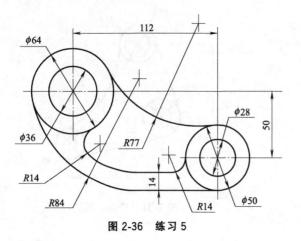

图 2-36　练习 5

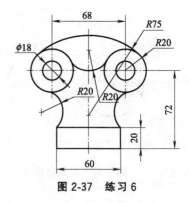

图 2-37　练习 6

模块三

基 础 建 模

课题 1　拉 伸 建 模

学习目标

1. 掌握零件建模的基本规则。
2. 掌握拉伸建模操作。

工作任务

试创建如图 3-1 所示模型。

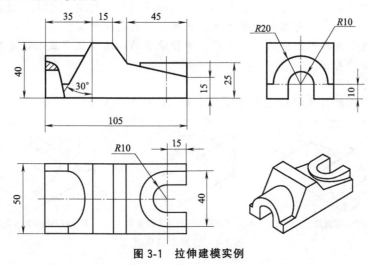

图 3-1　拉伸建模实例

任务实施

1. 新建零件

新建文件"拉伸建模.f3d"。

2. 建立拉伸基体

（1）在右视基准面绘制草图，如图 3-2 所示。

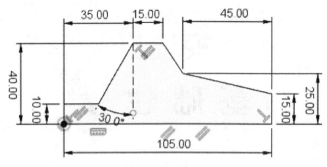

图 3-2　绘制草图

💡 **提示：关于选择最佳建模轮廓和选择草图平面。**

（1）选择最佳建模轮廓

分析模型，选择最佳建模轮廓，如图 3-3 所示。

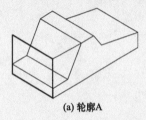
(a) 轮廓A

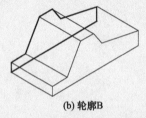
(b) 轮廓B

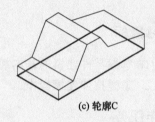
(c) 轮廓C

图 3-3　分析选择最佳建模轮廓

轮廓 A：这个轮廓是矩形的，拉伸后，需要很多的切除才能完成毛坯建模。

轮廓 B：这个轮廓只需添加两个凸台，就可以完成毛坯建模。

轮廓 C：这个轮廓是矩形的，拉伸后，需要很多的切除才能完成毛坯建模。

本实例选择轮廓 B。

（2）选择草图平面

分析模型，选择最佳建模轮廓放置基准面，如图 3-4 所示。

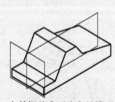
(a) 在前视基准面建立的模型

(b) 在右视基准面建立的模型

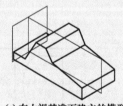
(c) 在上视基准面建立的模型

图 3-4　选择草图平面

第一种放置方法是：最佳建模轮廓放置前视基准面。

第二种放置方法是：最佳建模轮廓放置右视基准面。

第三种放置方法是：最佳建模轮廓放置上视基准面。

根据模型放置方法进行分析：①考虑零件本身的显示方位。零件本身的显示方位决定模型怎样放置在标准视图中，例如轴测图。②考虑零件在装配图中的方位。装配图中固定零件的方位决定了整个装配模型怎样放置在标准视图中，例如轴测图。③考虑零件在工程图中方位。建模时应该使模型的右视图与工程图的主视图完全一致。

从上面三种分析来看，第二种放置方法最佳。

（2）选择【创建】|【拉伸】命令，出现【拉伸】对话框。

① 激活【轮廓】选项，在工作区选择草图轮廓；

② 从【方向】列表中选择【对称】选项；

③ 在【测量】组中，选中【全长】按钮；

④ 在【距离】文本框输入 50。

如图 3-5 所示，单击【确定】按钮。

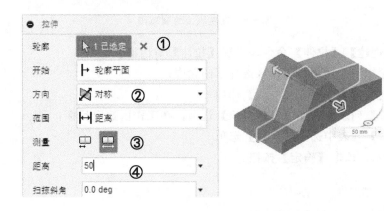

图 3-5　拉伸基体

💡 **提示**：关于创建拉伸特征操作。

选择轮廓或平整面，然后指定要拉伸的距离，为闭合的草图轮廓或平整面添加深度。

💡 **提示**：关于开始、方向和范围选项。

开始：有【轮廓平面】【偏移平面】和【从对象】。

① 【轮廓平面】——从当前草图平面开始拉伸轮廓。

② 【偏移平面】——从当前草图平面偏移一个距离开始拉伸轮廓。

③ 【从对象】——从曲面开始拉伸轮廓。

方向：有【一侧】【两侧】和【对称】。

范围：有【距离】【目标对象】和【全部】。

① 【距离】——在文本框输入的值。

② 【目标对象】——选择指定面作为终止条件。

③ 【全部】——当有多个实体时，通过全部实体。

💡 **提示**：关于对称零件的建模思路。

此零件为对称零件，对称零件的设计方法有草图层次和特征层次两种。

草图层次：利用原点设定为草图中点或者对称约束。

特征层次：利用对称拉伸或镜像。

3. 拉伸到选定对象

（1）在左端面绘制草图，如图 3-6 所示。

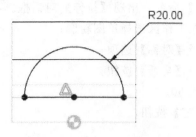

图 3-6　在左端面绘制草图

（2）选择【创建】|【拉伸】命令，出现【拉伸】对话框。

① 激活【轮廓】选项，在工作区选择草图轮廓；

② 从【方向】列表中选择【一侧】选项；

③ 从【范围】列表中选择【目标对象】选项，在工作区选定目标；

④ 从【操作】列表中选择【合并】选项。

如图 3-7 所示，单击【确定】按钮。

图 3-7　拉伸实体

4. 定值拉伸

（1）在底面绘制草图，如图 3-8 所示。

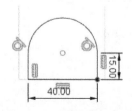

图 3-8　在底面绘制草图

（2）选择【创建】|【拉伸】命令，出现【拉伸】对话框。

① 激活【轮廓】选项，在工作区选择草图轮廓；

② 从【方向】列表中选择【一侧】选项；

③ 从【范围】列表中选择【距离】选项，在【距离】文本框输入－25mm；

④ 从【操作】列表中选择【合并】选项。

如图 3-9 所示，单击【确定】按钮。

图 3-9　拉伸实体

5. 拉伸切除完全贯穿（一）

（1）在右上面绘制草图，如图 3-10 所示。

（2）选择【创建】|【拉伸】命令，出现【拉伸】对话框。

① 激活【轮廓】选项，在工作区选择草图轮廓；

② 从【方向】列表中选择【一侧】选项；

③ 从【范围】列表中选择【全部】选项；

④ 从【操作】列表中选择【剪切】选项。

如图 3-11 所示，单击【确定】按钮。

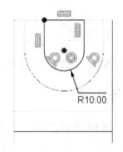

图 3-10　在右上面绘制草图

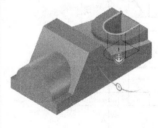

图 3-11　拉伸切除

6. 拉伸切除完全贯穿（二）

（1）在左端面绘制草图，如图 3-12 所示。

（2）选择【创建】|【拉伸】命令，出现【拉伸】对话框。

① 激活【轮廓】选项，在工作区选择草图轮廓；

② 从【方向】列表中选择【一侧】选项；

③ 从【范围】列表中选择【全部】选项；

④ 从【操作】列表中选择【剪切】选项。

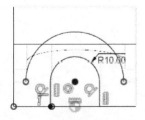

图 3-12　在左端面绘制草图

如图 3-13 所示，单击【确定】按钮。

图 3-13　拉伸切除

7. 存盘

单击【快速访问工具栏】上的【保存】按钮🖫，保存文件。

任务拓展

试创建如图 3-14、图 3-15 所示模型。

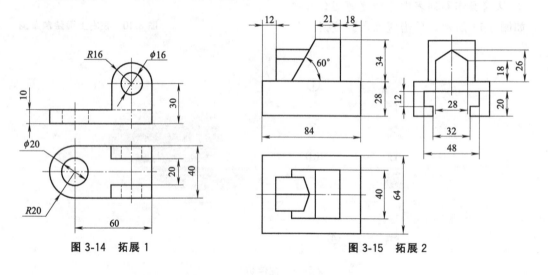

图 3-14　拓展 1　　　　　　　　图 3-15　拓展 2

课题 2　旋 转 建 模

学习目标

1. 掌握旋转建模操作。
2. 掌握孔操作。

工作任务

试创建如图 3-16 所示模型。

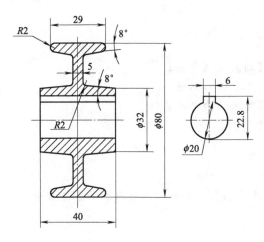

图 3-16　旋转建模

任务实施

1. 新建零件

新建文件"旋转 . f3d"。

2. 建立旋转基础特征

（1）在右视基准面绘制草图，如图 3-17 所示。

（2）选择【创建】|【旋转】命令，出现【旋转】对话框。

① 激活【轮廓】选项，在工作区选择草图轮廓；

② 激活【轴】选项，在工作区选择线段；

③ 从【类型】列表中选择【完全】选项。

如图 3-18 所示，单击【确定】按钮。

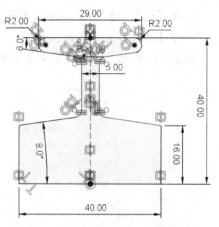

图 3-17　在右视基准面绘制草图

图 3-18　旋转

提示：关于创建旋转基础特征操作。

　　选择草图轮廓或平整面，然后选中要围绕其旋转的轴，绕选定轴旋转草图轮廓或平整面。

提示：关于类型选项。

　　类型：有【角度】【到】和【完全】。
　　① 【角度】——在文本框输入的值。
　　② 【到】——选择指定面作为终止条件。
　　③ 【完全】——旋转 360°。

提示：关于旋转轴。

　　旋转轴不得与截面曲线相交。但是，它可以和一条边重合。

3. 打孔

选择【创建】|【孔】命令，出现【孔】对话框。
① 激活【面】选项，在工作区选择孔放置面；
② 激活【参考】选项，在工作区选择圆边；
③ 从【范围】列表中选择【全部】选项；
④ 在【孔类型】组中，选中【简单】按钮；
⑤ 在【直径】文本框输入 20。
如图 3-19 所示，单击【确定】按钮。

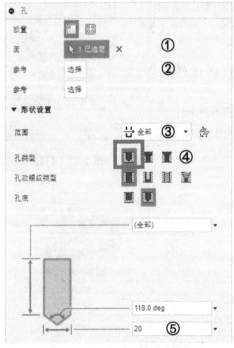

图 3-19　打孔

选择一个面以放置孔，然后选择边以确定孔在面上的位置，或者选择草图点以放置多个孔。然后指定孔类型、攻螺纹类型和尺寸值，根据用户指定的值和选择的参数创建孔。

4. 切槽

（1）在前端面绘制草图，如图 3-20 所示。

（2）选择【创建】|【拉伸】命令，出现【拉伸】对话框。

① 激活【轮廓】选项，在工作区选择草图轮廓；

② 从【方向】列表中选择【一侧】选项；

③ 从【范围】列表中选择【全部】选项；

④ 从【操作】列表中选择【剪切】选项。

如图 3-21 所示，单击【确定】按钮。

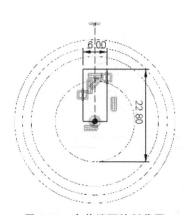

图 3-20　在前端面绘制草图

图 3-21　切槽

5. 存盘

单击【快速访问工具栏】上的【保存】按钮 🖫 ，保存文件。

任务拓展

试创建如图 3-22、图 3-23 所示模型。

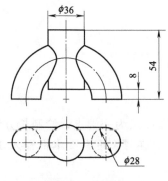

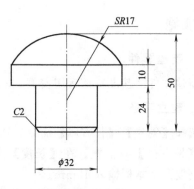

图 3-22　拓展 3

图 3-23　拓展 4

课题 3   基准特征运用

学习目标

1. 掌握创建长方体操作。
2. 掌握创建基准平面操作。
3. 掌握创建基轴操作。
4. 掌握圆角特征操作。

工作任务

试创建如图 3-24 所示模型。

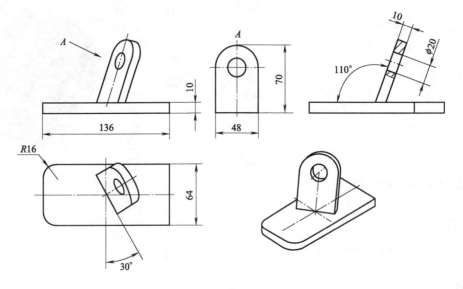

图 3-24   基准特征运用实例

任务实施

1. 新建零件

新建文件"基准特征运用实例 . f3d"。

2. 建立毛坯

选择【创建】|【长方体】命令，选择上视基准面，以原点为一端点，绘制长方形草图，出现【长方体】对话框。在【长度】文本框输入 64mm，在【宽度】文本框输入 136mm，在【高度】文本框输入 10mm。

如图 3-25 所示，单击【确定】按钮。

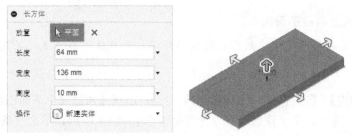

图 3-25　创建长方体

💡 **提示：关于创建长方体特征操作。**

选择平面，绘制矩形，然后指定长方体的高度，创建实心长方体。

3. 创建基准面

（1）选择【构造】|【中间平面】命令，出现【中间平面】对话框。

激活【平面】选项，在工作区选择 2 个平面，如图 3-26 所示，单击【确定】按钮。

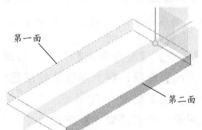

图 3-26　创建中间平面

💡 **提示：关于构造中间平面操作。**

选择两个面或平面，在两个面或工作平面的中点处创建构造平面。

（2）选择【构造】|【偏移平面】命令，出现【偏移平面】对话框。

① 激活【平面】选项，在工作区选择后表面；

② 从【范围】列表中选择【距离】选项；

③ 在【距离】文本框输入−68。

如图 3-27 所示，单击【确定】按钮。

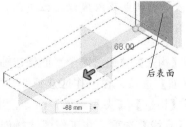

图 3-27　创建偏移平面

（3）选择【构造】|【通过两个平面创建轴】命令，出现【通过两个平面创建轴】对话框。激活【平面】选项，在工作区选择 2 个平面，如图 3-28 所示，单击【确定】按钮。

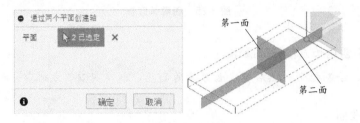

图 3-28　建立基准轴 1

（4）选择【构造】|【夹角平面】命令，出现【夹角平面】对话框。

① 激活【直线】选项，在工作区选择创建的基准轴；

② 在【角度】文本框输入 30 deg。

如图 3-29 所示，单击【确定】按钮。

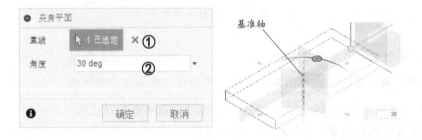

图 3-29　建立斜基准面 1

（5）选择【构造】|【通过两个平面创建轴】命令，出现【通过两个平面创建轴】对话框。激活【平面】选项，在工作区选择 2 个平面，如图 3-30 所示，单击【确定】按钮。

（6）选择【构造】|【夹角平面】命令，出现【夹角平面】对话框。

① 激活【直线】选项，在工作区选择创建的基准轴；

② 在【角度】文本框输入 70 deg。

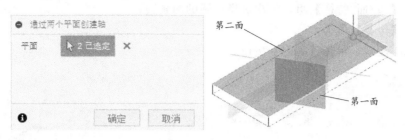

图 3-30 建立基准轴 2

如图 3-31 所示，单击【确定】按钮。

 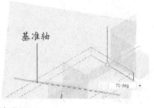

图 3-31 建立斜基准面 2

4. 建立斜支承

（1）在斜基准面上绘制草图，如图 3-32 所示。

（2）选择【创建】|【拉伸】命令，出现【编辑特征】对话框。

① 激活【轮廓】选项，在工作区选择草图轮廓；

② 从【方向】列表中选择【一侧】选项；

③ 从【范围】列表中选择【距离】选项，在【距离】文本框输入－10mm；

④ 从【操作】列表中选择【合并】选项。

如图 3-33 所示，单击【确定】按钮。

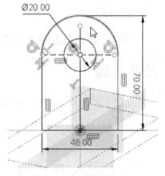

图 3-32 绘制草图

图 3-33 创建斜支承

5. 创建圆角

选择【修改】|【圆角】命令，出现【圆角】对话框。

① 从【半径类型】列表中选择【等半径】选项；

② 激活【边/面/特征】组，依次选择倒圆的两条边；

③ 输入【半径】值为 16。

如图 3-34 所示，单击【确定】按钮。

图 3-34　创建圆角

提示：创建圆角特征操作。

选择【边/面/特征】，然后指定半径，将圆角或外圆角添加到一个或多个边、面或特征上。

6. 存盘

单击【快速访问工具栏】上的【保存】按钮 ，保存文件。

任务拓展

试创建如图 3-35、图 3-36 所示模型。

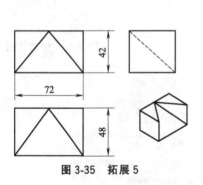

图 3-35　拓展 5

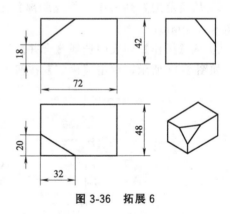

图 3-36　拓展 6

课题 4　轴类零件建模

学习目标

1. 掌握创建圆柱体的操作。

2. 掌握创建轴类零件的方法。

工作任务

试创建如图 3-37 所示模型。

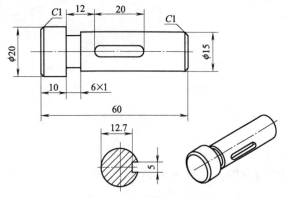

图 3-37　轴类零件模型

任务实施

1. 新建零件

新建文件"轴类零件建模.f3d"。

2. 建立毛坯

(1) 选择【创建】|【圆柱体】命令，选择前视基准面，以原点为圆心，绘制圆，出现
【圆柱体】对话框。

在【直径】文本框输入 20mm，在【高度】文本框输入 10mm。

如图 3-38 所示，单击【确定】按钮。

图 3-38　创建圆柱 1

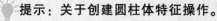

💡 提示：关于创建圆柱体特征操作。

　选择平面，绘制圆，然后指定圆柱体的高度，创建实心圆柱体。

(2) 选择【创建】|【圆柱体】命令，选择右端面，以原点为圆心，绘制圆，出现【圆柱
体】对话框。

① 在【直径】文本框输入 15mm，在【高度】文本框输入 50mm；

② 从【操作】列表中选择【合并】选项。

如图 3-39 所示，单击【确定】按钮。

图 3-39　创建圆柱 2

3. 创建退刀槽

（1）在右视基准面绘制草图，如图 3-40 所示。

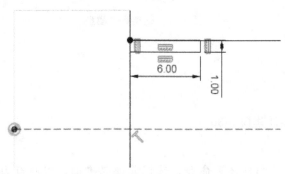

图 3-40　在右视基准面绘制草图

（2）选择【创建】|【旋转】命令，出现【旋转】对话框。

① 激活【轮廓】选项，在工作区选择草图轮廓；

② 激活【轴】选项，在工作区选择线段；

③ 从【类型】列表中选择【完全】选项；

④ 从【操作】列表中选择【剪切】选项。

如图 3-41 所示，单击【确定】按钮。

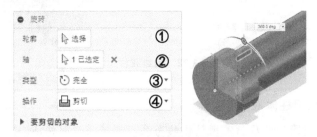

图 3-41　创建退刀槽

4. 创建键槽

（1）选择【构造】|【相切平面】命令，出现【相切平面】对话框。

① 激活【面】选项，在工作区选择圆柱面；

② 在【角度】文本框输入 0.0deg。

如图 3-42 所示，单击【确定】按钮。

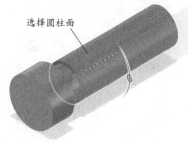

图 3-42　创建相切基准面

💡 提示：关于构造相切平面操作。

　　选择将与平面相切的圆柱体或圆锥体，通过输入角度或者先选择参考平面再添加角度来指定位置，创建与圆柱体或圆锥体相切的构造平面。

（2）在相切基准面上绘制草图，如图 3-43 所示。

（3）选择【创建】|【拉伸】命令，出现【拉伸】
对话框。

① 激活【轮廓】选项，在工作区选择草图轮廓；

② 从【方向】列表中选择【一侧】选项；

③ 从【范围】列表中选择【距离】选项，在【距
离】文本框输入−2.3mm；

④ 从【操作】列表中选择【剪切】选项。

如图 3-44 所示，单击【确定】按钮。

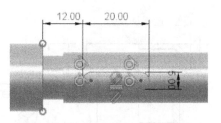

图 3-43　在相切基准面上绘制草图

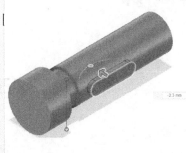

图 3-44　创建键槽

5. 创建倒角

选择【修改】|【倒角】命令，出现【倒角】对话框。

① 激活【边】选项，在工作区选择需倒角边；

② 从【倒角类型】列表中选择【等距离】选项，在【距离】文本框输入1。

如图 3-45 所示，单击【确定】按钮。

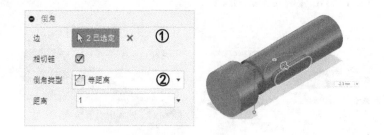

图 3-45　创建倒角

6. 存盘

单击【快速访问工具栏】上的【保存】按钮 ▦，保存文件。

任务拓展

试创建如图 3-46、图 3-47 所示模型。

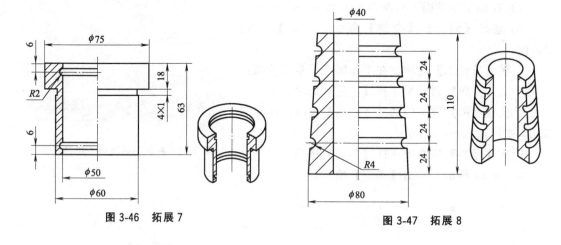

图 3-46　拓展 7　　　　　　　　　图 3-47　拓展 8

课题 5　修改特征运用

学习目标

1. 掌握创建拔模特征操作。
2. 掌握创建抽壳特征操作。

工作任务

创建如图 3-48 所示模型。

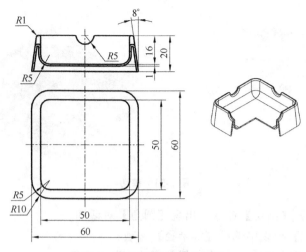

图 3-48　修改特征运用模型

任务实施

1. 新建零件

新建文件"修改特征运用.f3d"。

2. 建立毛坯

（1）选择【创建】|【长方体】命令，选择上视基准面，以原点为一端点，绘制长方形草图，出现【长方体】对话框。在【长度】文本框输入 60mm，在【宽度】文本框输入 60mm，在【高度】文本框输入 20mm。

如图 3-49 所示，单击【确定】按钮。

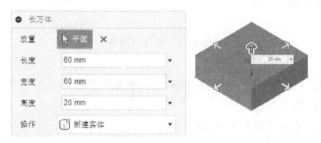

图 3-49　创建长方体

（2）在顶面绘制草图，如图 3-50 所示。

（3）选择【创建】|【拉伸】命令，出现【拉伸】对话框。

① 激活【轮廓】选项，在工作区选择草图轮廓；

② 从【方向】列表中选择【一侧】选项；

③ 从【范围】列表中选择【距离】选项，在【距离】文本框输入−16；

④ 从【操作】列表中选择【剪切】选项。

如图 3-51 所示，单击【确定】按钮。

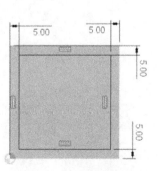

图 3-50　在顶面绘制草图

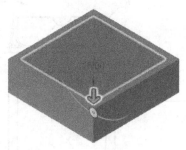

图 3-51　剪切

(4) 选择【修改】|【圆角】命令，出现【圆角】对话框。

① 从【半径类型】列表中选择【等半径】选项；

② 激活【边/面/特征】组，依次选择倒圆的四条内边线；

③ 输入【半径】值为 5mm；

④ 单击【添加新选择】按钮 ＋，如图 3-52 所示；

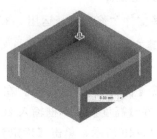

图 3-52　创建内圆角

⑤ 激活【边/面/特征】组，依次选择倒圆的四条外边线；

⑥ 输入【半径】值为 10。

如图 3-53 所示，单击【确定】按钮。

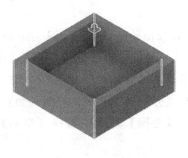

图 3-53　创建外圆角

3. 拔模

(1) 选择【修改】|【拔模】命令，出现【拔模】对话框。

① 激活【平面】组，选择模型底面；

② 激活【面】组，选择外四周面为拔模面；

③ 在【角度】文本框输入 8；

④ 从【方向】列表选择【一侧】选项。

如图 3-54 所示，单击【确定】按钮。

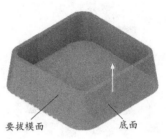

图 3-54　外拔模

(2) 选择【修改】|【拔模】命令，出现【拔模】对话框。

① 激活【平面】组，选择模型上面；

② 激活【面】组，选择内四周面为拔模面；

③ 在【角度】文本框输入 8；

④ 从【方向】列表选择【一侧】选项。

如图 3-55 所示，单击【确定】按钮。

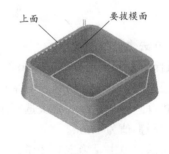

图 3-55　内拔模

💡 提示：关于拔模特征操作。

　　选择平面或平整面作为中性平面，然后选中要拔模的面。指定面的拔模斜度，对指定的平面或平整面应用拔模角度。

4. 切口

(1) 在右视基准面绘制草图，如图 3-56 所示。

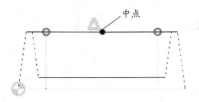

图 3-56　在右视基准面绘制草图

选择【创建】|【孔】命令，出现【孔】对话框。

① 在【放置】组，选中【从草图】按钮；

② 在右视基准面绘制草图点；

③ 从【范围】列表中选择【全部】选项；

④ 在【孔类型】组中，选中【简单】按钮；

⑤ 在【直径】文本框输入 10。

如图 3-57 所示，单击【确定】按钮。

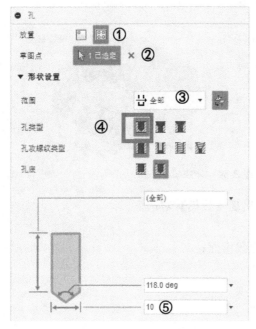

图 3-57　打孔

（2）按统一方法建立另一切口。

（3）选择【修改】|【圆角】命令，出现【圆角】对话框。

① 从【半径类型】列表中选择【等半径】选项；

② 激活【边/面/特征】组，依次选择边线；

③ 输入【半径】值为 1mm。

如图 3-58 所示，单击【确定】按钮。

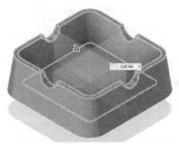

图 3-58　圆角

5. 创建抽壳

选择【修改】|【抽壳】命令，出现【抽壳】对话框。

① 激活【面/实体】组，选择要移除面底面；

② 在【内侧厚度】文本框输入 1；

③ 从【方向】下拉列表中选择【内侧】选项。

如图 3-59 所示，单击【确定】按钮。

图 3-59 创建抽壳

> **提示**：关于抽壳特征操作。
>
> 选择面，然后指定厚度，选定的面将被删除，并且实体将变成空心。

6. 存盘

单击【快速访问工具栏】上的【保存】按钮 ，保存文件。

任务拓展

试创建如图 3-60、图 3-61 所示模型。

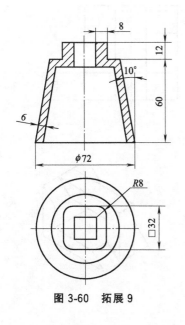

图 3-60 拓展 9

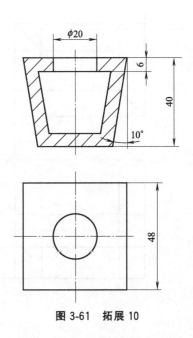

图 3-61 拓展 10

练习集

试建立如图 3-62～图 3-73 所示模型。

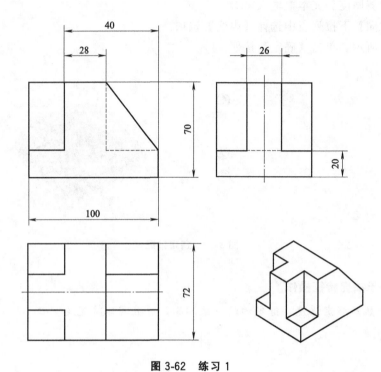

图 3-62　练习 1

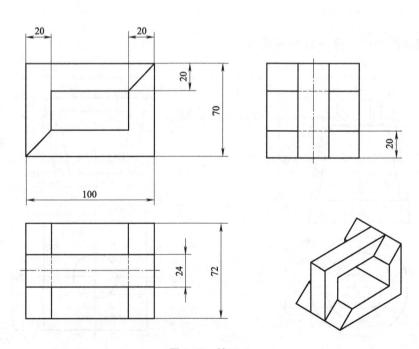

图 3-63　练习 2

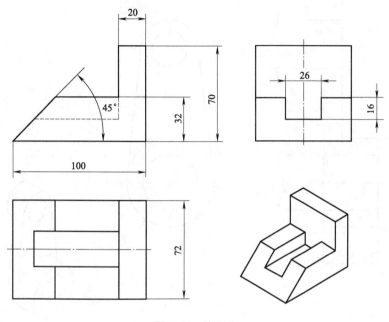

图 3-64　练习 3

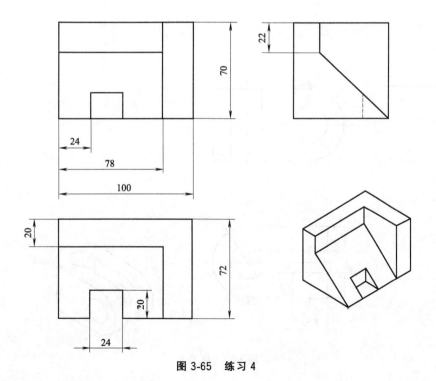

图 3-65　练习 4

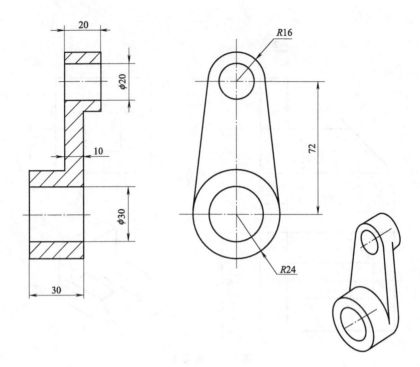

图 3-66　练习 5

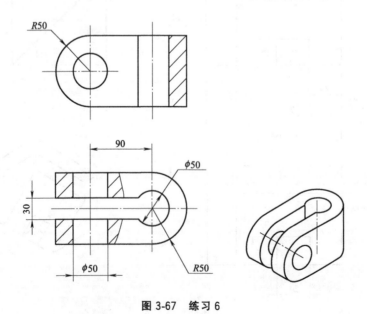

图 3-67　练习 6

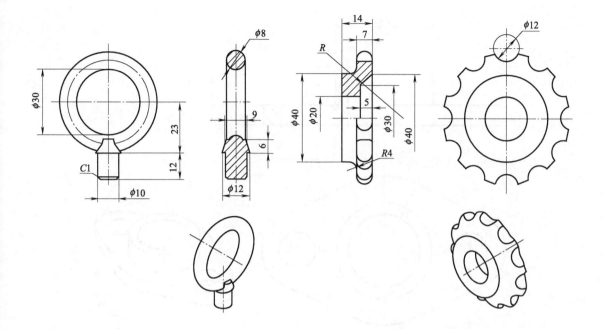

图 3-68　练习 7

图 3-69　练习 8

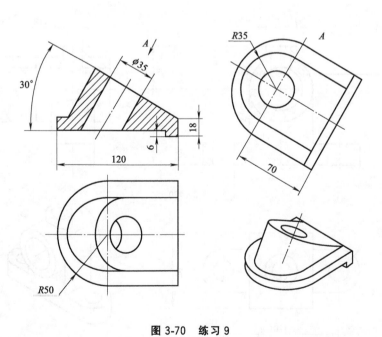

图 3-70　练习 9

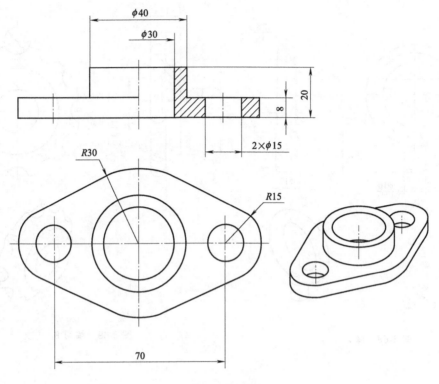

图 3-71　练习 10

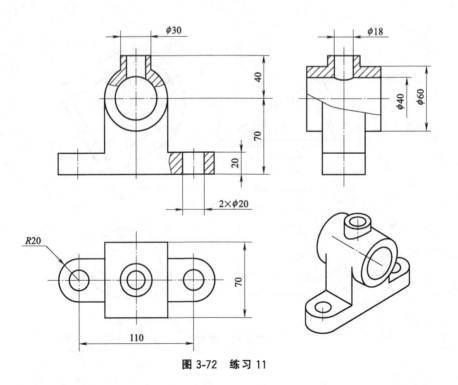

图 3-72　练习 11

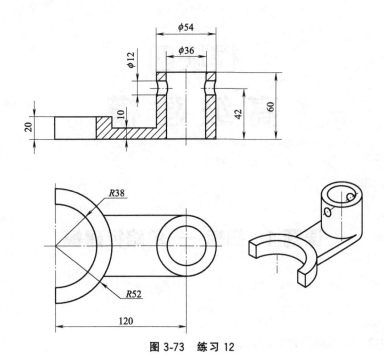

図 3-73 练习 12

模块四

高 级 建 模

课题 1 扫掠——单路径建模

学习目标

1. 掌握扫掠——单路径建模操作。
2. 掌握镜像操作。

工作任务

试创建如图 4-1 所示模型。

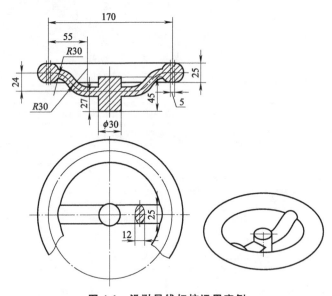

图 4-1 沿引导线扫掠运用实例

任务实施

1. 新建零件

新建文件"扫掠——单路径建模.f3d"。

2. 建立圆环

（1）在右视基准面绘制草图，如图 4-2 所示。

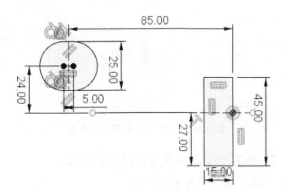

图 4-2　在右视基准面绘制草图

（2）选择【创建】|【旋转】命令，出现【旋转】对话框。

① 激活【轮廓】选项，在工作区选择草图轮廓；

② 激活【轴】选项，在工作区选择线段；

③ 从【类型】列表中选择【完全】选项。

如图 4-3 所示，单击【确定】按钮。

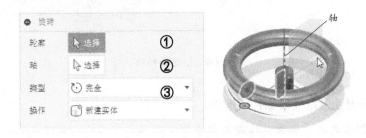

图 4-3　旋转基体

3. 创建筋

（1）在右视基准面绘制路径草图，如图 4-4 所示。

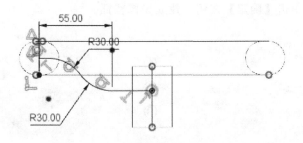

图 4-4　在右视基准面绘制路径草图

（2）在前视基准面截面草图，如图 4-5 所示。

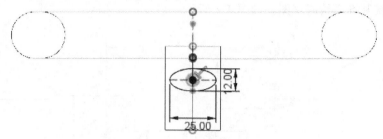

图 4-5　在前视基准面截面草图

（3）选择【创建】|【扫掠】命令，出现【扫掠】对话框。

① 从【类型】列表中选择【单路径】选项；

② 激活【轮廓】选项，在工作区选择曲线（椭圆）；

③ 激活【路径】选项，在工作区选择曲线（路径）。

如图 4-6 所示，单击【确定】按钮。

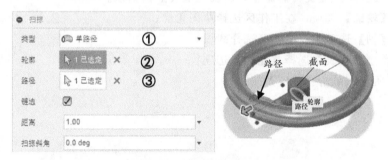

图 4-6　沿路径扫掠

提示：关于创建沿路径扫掠特征操作。

选择一系列轮廓或平整面，选择路径或中心线以引导形状，创建沿选定的路径扫掠草图轮廓或平整面特征。

（4）选择【创建】|【镜像】命令，出现【镜像】对话框。

① 从【样式类型】列表中选择【面】选项；

② 激活【对象】选项，在工作区选择扫掠特征；

③ 激活【镜像平面】选项，在工作区选择前视基准面。

如图 4-7 所示，单击【确定】按钮，建立镜像特征。

图 4-7　完成镜像特征

提示：关于创建镜像特征操作。

选择要镜像的对象，然后选择镜像用的对称平面，创建镜像特征。

4. 存盘

单击【快速访问工具栏】上的【保存】按钮 ，保存文件。

任务拓展

试创建如图 4-8、图 4-9 所示模型。

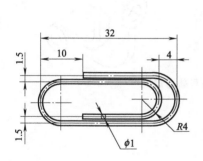

图 4-8　拓展 1

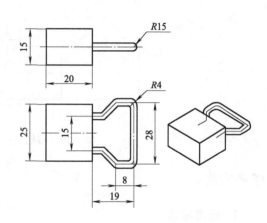

图 4-9　拓展 2

课题 2　扫掠——路径 + 引导轨道建模

学习目标

1. 掌握扫掠——路径＋引导轨道建模操作。
2. 掌握叉类零件建模思路。

工作任务

创建如图 4-10 所示模型。

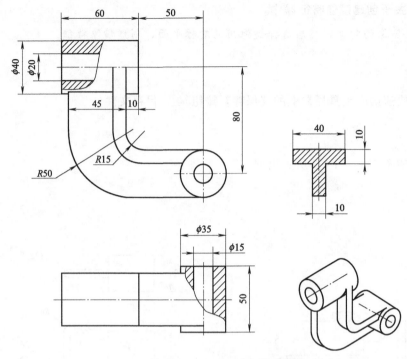

图 4-10　扫掠——路径＋引导轨道建模

任务实施

1. 新建零件

新建文件"扫掠——路径＋引导轨道建模 .f3d"。

2. 建立毛坯

（1）选择【创建】|【圆柱体】命令，选择前视基准面，以原点为圆心，绘制圆，出现
【圆柱体】对话框。

在【直径】文本框输入 40mm，在【高度】文本框输入 60mm。

如图 4-11 所示，单击【确定】按钮。

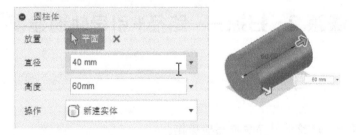

图 4-11　创建圆柱体

（2）选择【构造】|【偏移平面】命令，出现【偏移平面】对话框。

① 激活【平面】选项，在工作区选择上视基准面；

② 从【范围】列表中选择【距离】选项；

③ 在【距离】文本框输入－80mm。

如图 4-12 所示，单击【确定】按钮。

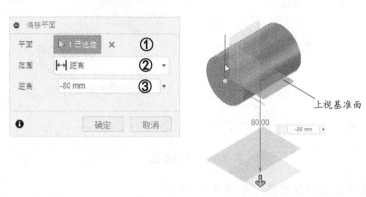

图 4-12　创建偏移平面 1

（3）选择【构造】|【偏移平面】命令，出现【偏移平面】对话框。

① 激活【平面】选项，在工作区选择右视基准面；

② 从【范围】列表中选择【距离】选项；

③ 在【距离】文本框输入 50。

如图 4-13 所示，单击【确定】按钮。

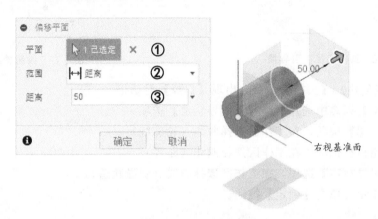

图 4-13　创建偏移平面 2

（4）在右视基准面上绘制草图，如图 4-14 所示。

（5）选择【创建】|【拉伸】命令，出现【拉伸】对
话框。

① 激活【轮廓】选项，在工作区选择草图轮廓；

② 从【方向】列表中选择【对称】选项；

③ 在【测量】组中，选中【全长】按钮；

④ 在【距离】文本框输入 50。

如图 4-15 所示，单击【确定】按钮。

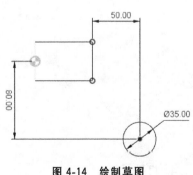

图 4-14　绘制草图

3. 建立连接筋板

（1）在右视基准面绘制路径、引导线，如图 4-16 所示。

图 4-15　拉伸基体

（2）在上视基准面绘制轮廓线，如图 4-17 所示。

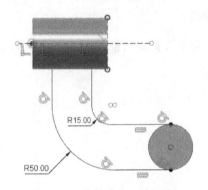

图 4-16　绘制路径、引导线

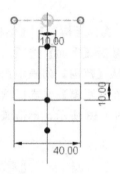

图 4-17　绘制轮廓线

（3）选择【创建】|【扫掠】命令，出现【扫掠】对话框。

① 从【类型】列表中选择【路径＋引导轨道】选项；

② 激活【轮廓】选项，在工作区选择曲线（轮廓线）；

③ 激活【路径】选项，在工作区选择曲线（路径）；

④ 激活【引导轨道】选项，在工作区选择曲线（引导轨道）。

如图 4-18 所示，单击【确定】按钮。

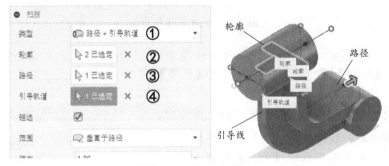

图 4-18　建立连接筋板

4. 打孔

（1）选择【创建】|【孔】命令，出现【孔】对话框。

① 激活【面】选项，在工作区选择孔放置面；

② 激活【参考】选项，在工作区选择圆边；

③ 从【范围】列表中选择【全部】选项；

④ 在【孔类型】组中，选中【简单】按钮；

⑤ 在【直径】文本框输入 20。

如图 4-19 所示，单击【确定】按钮。

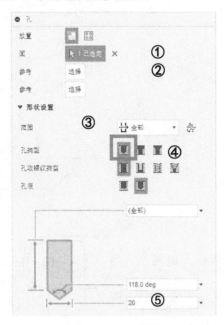

图 4-19　打孔 1

（2）按同样方法完成另一孔，如图 4-20 所示。

5. 存盘

单击【快速访问工具栏】上的【保存】按钮 ，保存文件。

图 4-20　打孔 2

任务拓展

试创建如图 4-21、图 4-22 所示模型。

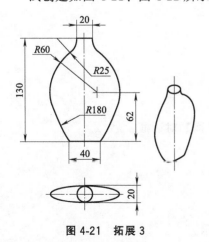

图 4-21　拓展 3

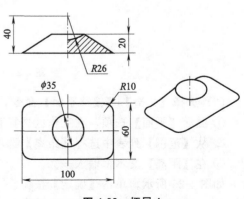

图 4-22　拓展 4

课题 3 放 样 建 模

学习目标

掌握放样建模操作。

工作任务

试创建如图 4-23 所示模型。

任务实施

1. 新建零件

新建文件"放样.f3d"。

2. 建立毛坯

（1）选择【构造】|【偏移平面】命令，出现【偏移平面】对话框。

① 激活【平面】选项，在工作区选择上视基准面；

② 从【范围】列表中选择【距离】选项；

③ 在【距离】文本框输入−80.00。

如图 4-24 所示，单击【确定】按钮。

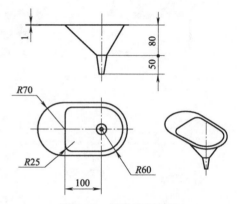

图 4-23 设计特征建模

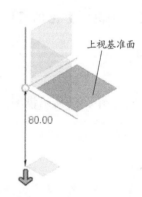

图 4-24 创建偏移平面 1

（2）选择【构造】|【偏移平面】命令，出现【偏移平面】对话框。

① 激活【平面】选项，在工作区选择新建基准面；

② 从【范围】列表中选择【距离】选项；

③ 在【距离】文本框输入−50。

如图 4-25 所示，单击【确定】按钮。

（3）在上视基准面上绘制草图-轮廓 1，如图 4-26 所示。

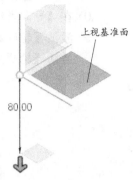

图 4-25　创建偏移平面 2

（4）在偏移平面 1 上绘制草图-轮廓 2，如图 4-27 所示。

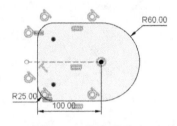
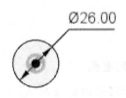

图 4-26　草图-轮廓 1　　　　　　　　　　图 4-27　草图-轮廓 2

（5）选择【创建】|【放样】命令，出现【放样】对话框。

① 在【导向类型】组中，选中【轨道】按钮；

② 激活【轮廓】选项，在工作区选择轮廓 1；

③ 激活【轮廓】选项，在工作区选择轮廓 2。

如图 4-28 所示，单击【确定】按钮。

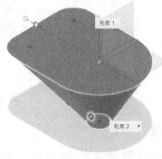

图 4-28　放样 1

提示：关于创建放样特征操作。

　选择一系列轮廓或平整面，创建放样特征。

（6）在偏移平面 2 上绘制草图-轮廓 3，如图 4-29 所示。

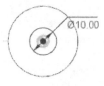

图 4-29 草图-轮廓 3

（7）选择【创建】|【放样】命令，出现【放样】对话框。

① 在【导向类型】组中，选中【轨道】按钮；

② 激活【轮廓】选项，在工作区选择轮廓 1；

③ 激活【轮廓】选项，在工作区选择轮廓 2。

如图 4-30 所示，单击【确定】按钮。

图 4-30 放样 2

3. 创建壳

选择【修改】|【抽壳】命令，出现【抽壳】对话框。

① 激活【面/实体】组，选择要移除面，上面和底面；

② 在【内侧厚度】文本框输入 1；

③ 从【方向】下拉列表中选择【内侧】选项。

如图 4-31 所示，单击【确定】按钮。

图 4-31 创建壳

4. 创建边缘

（1）在上视基准面上绘制草图，如图 4-32 所示。

（2）选择【创建】|【拉伸】命令，出现【拉伸】对话框。

① 激活【轮廓】选项，在工作区选择草图轮廓；

② 从【方向】列表中选择【一侧】选项；

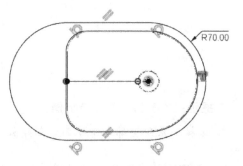

图 4-32 在上视基准面上绘制草图

③ 从【范围】列表中选择【距离】选项，在【距离】文本框输入—1；

④ 从【操作】列表中选择【合并】选项。

如图 4-33 所示，单击【确定】按钮。

图 4-33　创建边缘

5. 存盘

单击【快速访问工具栏】上的【保存】按钮 ，保存文件。

任务拓展

试创建如图 4-34、图 4-35 所示模型。

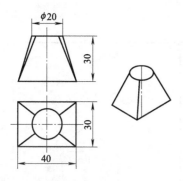

图 4-34　拓展 5

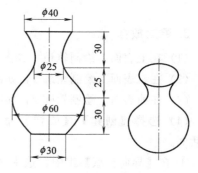

图 4-35　拓展 6

课题 4　放样＋轨道建模

学习目标

掌握放样＋轨道建模操作。

工作任务

试创建如图 4-36 所示模型。

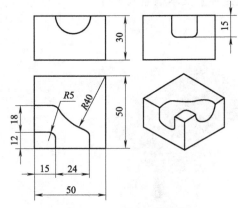

图 4-36　放样＋轨道建模

任务实施

1. 新建零件

新建文件"放样＋轨道建模.f3d"。

2. 建立毛坯

选择【创建】|【长方体】命令，选择上视基准面，以原点为一端点，绘制长方形草图，出现【长方体】对话框。在【长度】文本框输入 50mm，在【宽度】文本框输入 50mm，在【高度】文本框输入 30mm。如图 4-37 所示，单击【确定】按钮。

图 4-37　创建长方体

3. 建立放样

（1）在上表面上绘制轨道，如图 4-38 所示。

（2）在右表面上绘制轮廓 1，如图 4-39 所示。

（3）在前表面上绘制轮廓 2，如图 4-40 所示。

（4）选择【创建】|【放样】命令，出现【放样】对话框。

① 在【导向类型】组中，选中【轨道】按钮；

② 激活【轮廓】选项，在工作区选择轮廓 1；

③ 激活【轮廓】选项，在工作区选择轮廓 2；

④ 激活【轮廓】选项，在工作区选择轨道 1；

⑤ 激活【轮廓】选项，在工作区选择轨道 2；

⑥ 从【操作】列表中选择【剪切】选项。

如图 4-41 所示，单击【确定】按钮。

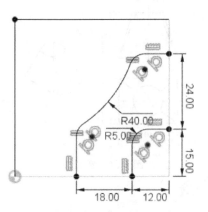

图 4-38　绘制轨道

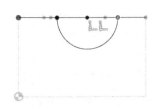

图 4-39　绘制轮廓 1

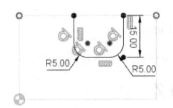

图 4-40　绘制轮廓 2

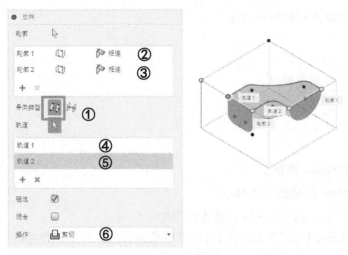

图 4-41　放样

> 💡 **提示：关于创建放样＋轨道特征操作。**
>
> 选择一系列轮廓或平整面，选择轨道或中心线以引导形状，创建放样＋轨道特征。

4. 存盘

单击【快速访问工具栏】上的【保存】按钮 ![按钮]，保存文件。

任务拓展

试创建如图 4-42、图 4-43 所示模型。

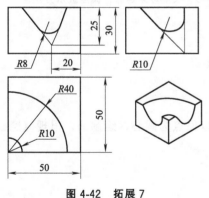

图 4-42　拓展 7

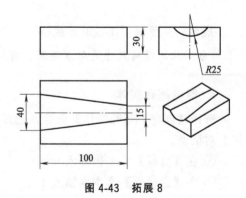

图 4-43　拓展 8

课题 5　T-Spline 建模 1

学习目标

1. 熟悉 T-Spline 建模的工作环境。

2. 掌握使用自由造型建模的方法。

工作任务

试创建如图 4-44 所示模型。

任务实施

1. 新建零件

新建文件"T-Spline 建模 1. f3d"。

2. 进入 T-Spline 建模的工作环境

（1）选择【创建造型】命令 ，进入造型工作空间。

（2）选择【显示设置】|【视觉样式】|【仅带可见边着色】命令，设置模型显示方法，如图 4-45 所示。

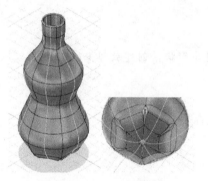

图 4-44　T-Spline 建模 1

图 4-45　仅带可见边着色模型显示方法 1

> 💡 提示：关于使用 T-Spline 建模。
>
> 当形状比精确尺寸更加重要时，可使用 T-Spline 建模。

3. 创建基础实体

选择【创建】|【圆柱体】命令，选择上视基准面，以原点为圆心，绘制圆，出现【圆柱体】对话框。

① 在【直径】文本框输入 60；

② 在【直径面】文本框输入 12；

图 4-46　建立基础实体

③ 在【高度】文本框输入 130；

④ 在【高度方向上的面数】文本框输入 10；

⑤ 从【方向】列表中选择【一侧】选项；

⑥ 从【对称】列表中选择【无】选项。

如图 4-46 所示，单击【确定】按钮，创建一个 T-Spline 的圆柱体。

4. 创建瓶身

（1）单击【视图观察器】上的【右】按钮，切换视角到右视图，使瓶身侧面正对用户，如图 4-47 所示。

（2）选择【修改】|【编辑形状】命令，出现【编辑形状】对话框。

　　① 在工作区选中圆柱体底部的边回路（双击底部的一条边），然后拖动操纵器的"原点"缩放到 0.8，可以看到底部的实时变化，如图 4-48 所示；

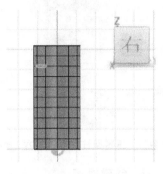

图 4-47　瓶身侧面正对用户

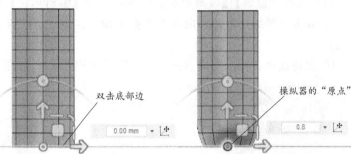

双击底部边

操纵器的"原点"

图 4-48　编辑圆柱体底部的边

　　② 双击倒数第二层的一条边以选中整个回路，拖动操纵器的"原点"放大到 1.1，如图 4-49 所示；

　　③ 继续对余下的几层做调整，从下往上，逐层缩放。

　　倒数第三层，缩放到 0.9；倒数第四层，缩放到 0.75；倒数第五层，缩放到 0.65，如图 4-50 所示。

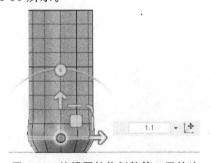

图 4-49　编辑圆柱体倒数第二层的边

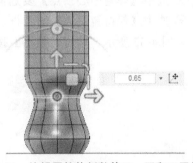

图 4-50　编辑圆柱体倒数第三、四和五层的边

　　倒数第六层，缩放到 0.8；倒数第七层，缩放到 0.9；倒数第八层，缩放到 0.65，如图 4-51 所示。

　　倒数第九层，缩放到 0.3；倒数第十层，缩放到 0.3；最上面的一层，缩放到 0.3，如图 4-52 所示。

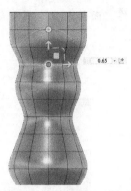

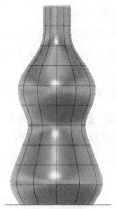

图 4-51 编辑圆柱体倒数第六、七和八层的边   图 4-52 编辑圆柱体倒数第九、十和十一层的边

5. 创建瓶底

（1）选择【修改】|【编辑形状】命令，出现【编辑形状】对话框。

① 双击底部的一条边，向反方向拖动操纵器的"上"箭头，值为−8.00mm，如图 4-53 所示；

② 保持选中，拖动操纵器的"原点"缩放到 0.95，如图 4-54 所示。

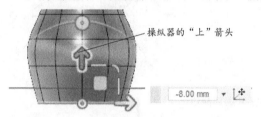

图 4-53 编辑圆柱体倒数第一层的边 1

图 4-54 编辑圆柱体倒数第一层的边 2

（2）选择【修改】|【补孔】命令，出现【补孔】对话框。

① 激活【T-Spline 边】选项，在工作区选中一边；

② 从【填充孔模式】列表中选择【收拢】选项；

③ 选中【焊缝中心顶点】复选框；

④ 选中【保持锐化边】复选框。

如图 4-55 所示，单击【确定】按钮。

图 4-55 补孔

6. 加厚

选择【修改】|【编辑形状】命令，出现【编辑形状】对话框。

① 激活【T-Spline 实体】选项，在工作区选中瓶子；

② 在【厚度】文本框输入 2；

③ 从【加厚类型】列表中选择【柔和】选项；

④ 从【方向】列表中选择【法向】选项。

如图 4-56 所示，单击【确定】按钮。

7. 存盘

（1）选择【完成造型】命令 ，退出造型工作空间。

（2）单击【快速访问工具栏】上的【保存】按钮 ，保存文件。

图 4-56　加厚

任务拓展

试创建如图 4-57 所示模型。

图 4-57　拓展 9

课题 6　T-Spline 建模 2

学习目标

1. 熟悉 T-Spline 建模的工作环境。

2. 掌握使用自由造型建模的方法。

工作任务

试创建如图 4-58 所示模型。

任务实施

1. 新建零件

新建文件"T-Spline 建模 2. f3d"。

2. 进入 T-Spline 建模的工作环境

（1）选择【创建造型】命令 ，进入造型工作空间。

（2）选择【显示设置】|【视觉样式】|【仅带可见边着色】命令，设置模型显示方法，如图 4-59 所示。

图 4-58　T-Spline 建模 2 　　　　　　　　　图 4-59　仅带可见边着色模型显示方法 2

3. 创建基础实体

选择【创建】|【长方体】命令，选择上视基准面，以原点为一端点，绘制长方形草图，出现【长方体】对话框。

① 在【长度】文本框输入 114；

② 在【长度方向上的面数】文本框输入 4；

③ 在【宽度】文本框输入 60；

④ 在【宽度方向上的面数】文本框输入 2；

⑤ 在【高度】文本框输入 30；

⑥ 在【高度方向上的面】文本框输入 2；

⑦ 从【方向】列表中选择【一侧】选项；

⑧ 从【对称】列表中选择【镜像】选项；

⑨ 选中【宽度对称】复选框。

如图 4-60 所示，单击【确定】按钮，创建一个 T-Spline 的长方体。

图 4-60　创建 T-Spline 长方体

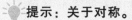

在创建模型从【对称】列表中选择【镜像】选项，模型会以特定的边或者面加以对称，以方便编辑。

4. 创建鼠标身

（1）选择中央的四个面，单击【视图观察器】上的【前】按钮，切换视角到前视图，使鼠标身侧面正对用户，如图 4-61 所示。

（2）选择【修改】|【编辑形状】命令，出现【编辑形状】对话框。

① 拖动操纵器的"上"箭头，值为 8，如图 4-62 所示。

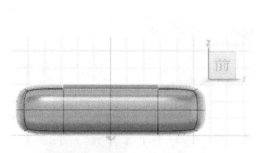

图 4-61　瓶身侧面正对用户

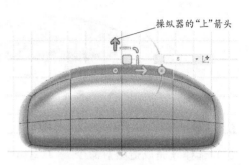

图 4-62　拖动操纵器的"上"箭头 1

② 拖动操纵器的"右"旋转点，值为 10.0deg，如图 4-63 所示。

③ 选择上方右边的两个面，拖动操纵器的"右"旋转点，值为 10.0deg，如图 4-64 所示。

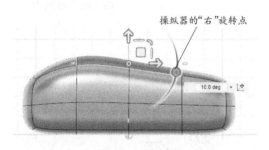

图 4-63　拖动操纵器的"右"旋转点 1

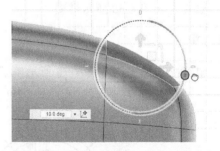

图 4-64　拖动操纵器的"右"旋转点 2

④ 选择左边的两个面，拖动操纵器的"右"箭头，值为 −10.00mm，如图 4-65 所示。

⑤ 拖动操纵器的"原点"缩放到 0.7，如图 4-66 所示。

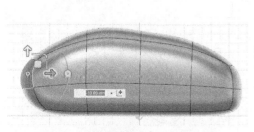

图 4-65　拖动操纵器的"右"箭头 1

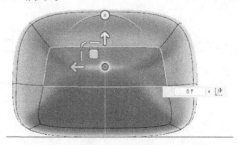

图 4-66　拖动操纵器的"原点"缩放

⑥ 选择上面的八个面，拖动操纵器的"上"箭头，值为－12.00mm，如图 4-67 所示。

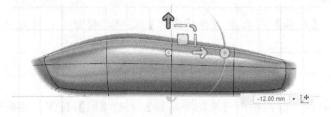

图 4-67　拖动操纵器的"上"箭头 2

⑦ 选择后面的四个面，拖动操纵器的"右"箭头，值为 12，如图 4-68 所示。

图 4-68　拖动操纵器的"右"箭头 2

5. 存盘

（1）选择【完成造型】命令，退出造型工作空间。

（2）单击【快速访问工具栏】上的【保存】按钮，保存文件。

图 4-69　拓展 10

任务拓展

试创建如图 4-69 所示模型。

练习集

试建立如图 4-70～图 4-76 所示模型。

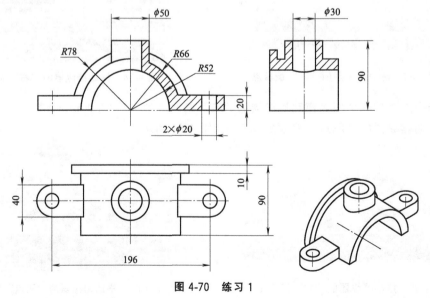

图 4-70　练习 1

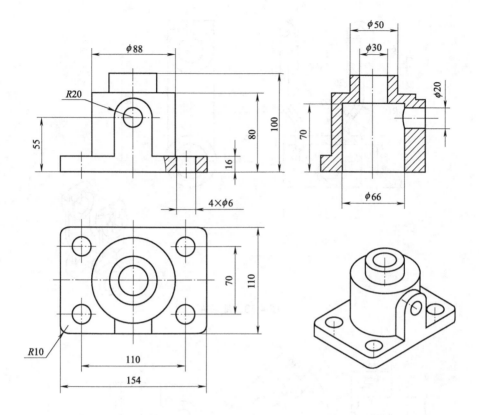

图 4-71　练习 2

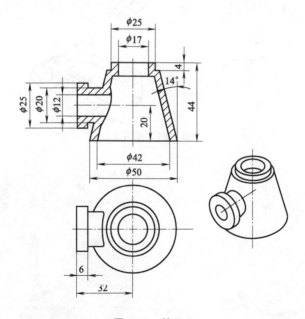

图 4-72　练习 3

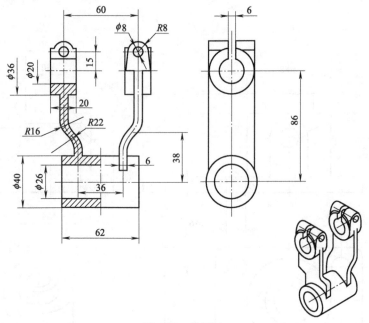

图 4-73　练习 4

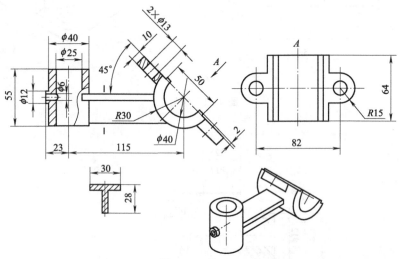

图 4-74　练习 5

图 4-75　练习 6

图 4-76　练习 7

模块五

零部件装配与工程图

课题 1　建立装配实例

学习目标

1. 掌握添加组件的方法。
2. 掌握创建装配约束的方法。

工作任务

利用装配模板建立一新装配，添加组件，建立约束，如图 5-1 所示。

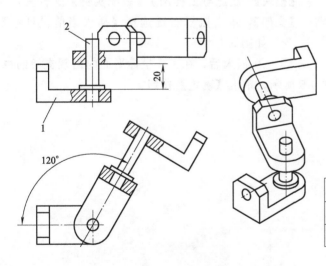

编号	零件名	数量
1	支架	3
2	销轴	2

图 5-1　装配组件

任务实施

1. 装配前准备——建立零件

（1）新建文件"支架 . f3d"。

"支架 . f3d"零件工程图，如图 5-2 所示。

（2）新建文件"销轴.f3d"。

"销轴.f3d"零件工程图，如图5-3所示。

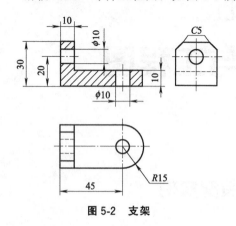

图 5-2　支架

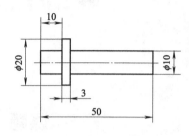

图 5-3　销轴

图 5-4　添加第一个零件"支架"

2. 新建装配文件

在【快速访问工具栏】选择【文件】|【新建设计】命令，并保存为"装配实例.f3d"。

3. 添加第一个零件"支架"

（1）零部件插入装配环境

① 进入【Fusion 360 基础教程】项目，进入【模块四 装配与工程图】|【装配实例】文件夹，选中【支架】，单击鼠标右键选择【插入当前设计中】命令，如图 5-4 所示；

② 插入后，在工作坐标平面内出现支架的视图，通过坐标确定要插入的位置，如图 5-5 所示，单击【确定】按钮。

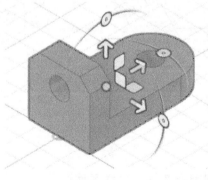

图 5-5　确定插入位置

（2）固定零件

进入工作空间的浏览器，找到支架零件，单击鼠标右键选择【固定】命令，就完成了支座的固定，如图 5-6 所示。

图 5-6　固定支架

💡 提示：关于第一个组件。

　　添加的第一个组件作为固定部件，需要添加"固定"约束。

4. 添加第二个零件"销轴"

（1）插入"销轴"

采用同样的方法插入"销轴"，这个时候销轴可能会跟底座在同一位置，需要把轴移动到外面，这样就可更加方便地进行装配，如图 5-7 所示。

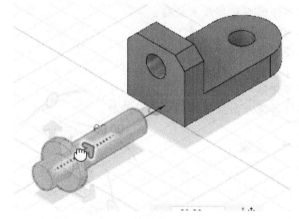

图 5-7　添加第二个零件

（2）联接

选择【装配】|【联接】命令，出现【联接】对话框。

① 在【零部件】组，激活【零部件 1】选项，选择销轴圆边；

② 激活【零部件 1】选项，选择支架孔边；

③ 在【运动】组，从【类型】列表中选择【旋转】选项；

④ 从【轴】列表中选择【Z 轴】选项。

如图 5-8 所示，单击【确定】按钮。

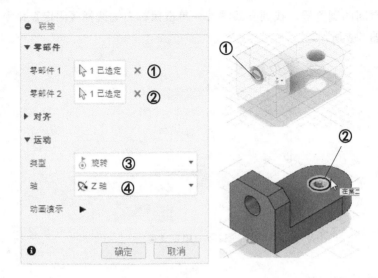

图 5-8　联接

💡 **提示：关于联接。**

在第一个零部件上选择配合点，然后在第二个零部件上选择配合点，选择【联接类型】选项，定义相对运动。

【联接类型】有以下几种。

【刚性】：删除所有自由度，将零部件锁定在一起。

【旋转】：允许零部件围绕联接原点旋转。

【滑块】：允许零部件沿一个轴平移。

【圆柱】：允许零部件沿同一个轴旋转和平移。

【销槽】：零部件可围绕一个轴旋转，也可沿另一个轴平移。

【平面】：允许零部件沿两个轴平移，并围绕一个轴旋转。

【球】：允许零部件围绕万向坐标系的三个轴旋转。

---

5. 添加第三个零件"支架"

（1）插入"支架"

采用同样的方法插入"支架"。

（2）联接

选择【装配】|【联接】命令，出现【编辑联接】对话框。

① 在【零部件】组，激活【零部件1】选项，选择支架孔圆边；

② 激活【零部件1】选项，选择销轴下圆边；

③ 切换到右视图，在【对齐】组，在【偏移Z】文本框输入20.00mm；

④ 切换到上视图，在【对齐】组，在【角度】文本框输入－120.0deg；

⑤ 在【运动】组，从【类型】列表中选择【旋转】选项；

⑥ 从【轴】列表中选择【Z轴】选项。

如图 5-9 所示，单击【确定】按钮。

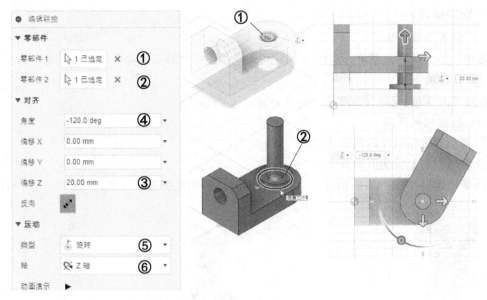

图5-9　添加零件，设置【对齐】约束

6. 添加其他组件

按上述方法添加"支架"和"销轴"，完成约束，如图
5-10所示。

7. 运动仿真

选择【装配】|【运动分析】命令，出现运动分析对话框。

① 在装配体中选择【联接】；

② 单击曲面添加动画点，此运动分析为转动，所以设有
角度，输入360.0deg；

③ 播放【模式】选中【循环播放】单选按钮；

④ 单击【播放】按钮。

如图5-11所示，查看模型运动轨迹，判断该轨迹是否
正确。

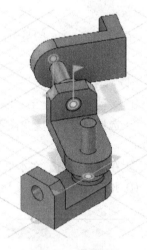

图5-10　完成约束

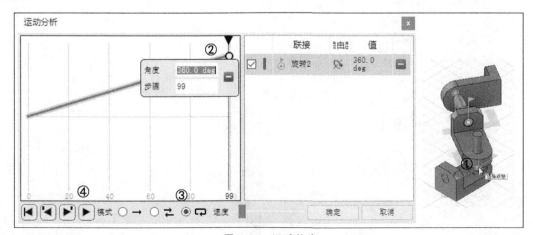

图5-11　运动仿真

8. 变换操作

(1) 进入动画环境

展开工作空间下拉菜单，选择【动画】命令，进入动画工作空间。

(2) 新建故事板

选择【故事板】|【新建故事板】命令，建立动画板 1。

(3) 创建相机视图

① 移动播放指针至时间轴 1s 处；

② 将【视图】设为开启模式；

③ 滚动鼠标中键，调整模型，调整后时间轴出现相机视图时间段，如图 5-12 所示。

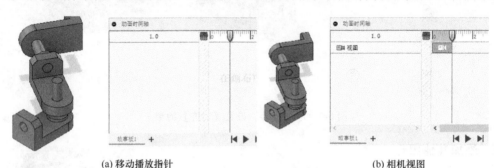

(a) 移动播放指针　　　　　　　　　　　　　(b) 相机视图

图 5-12　创建相机视图

(4) 变换零部件

① 移动播放指针至时间轴 2s 处；

② 选择【变换】|【变换零部件】，出现【变换零部件】对话框，在工作空间选中要变换零件；

③ 在【Z 距离】文本框输入 75.00mm；

④ 开启【轨迹线可见性】，如图 5-13 所示，单击【确定】。

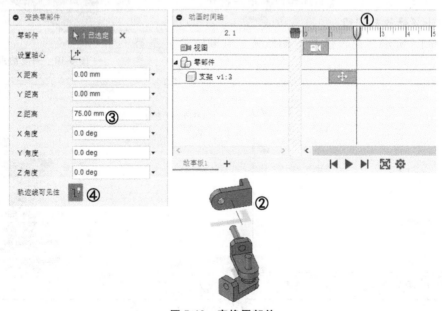

图 5-13　变换零部件

（5）变换其他零部件

按相同步骤变换其他零部件，如图5-14所示。

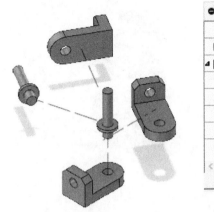
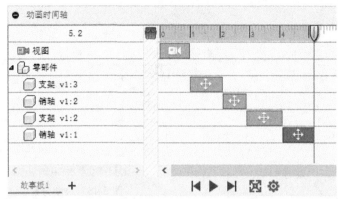

图 5-14　变换其他零部件

（6）播放变换

单击【播放】按钮，播放自动分解动画。

（7）发布视频

选择【发布】|【发布视频】命令，出现【视频选项】对话框。

① 在【视频范围】组，选择【当前故事板】选项；

② 在【视频分辨率】组，选择【当前文档窗口大小】选项。

如图5-15所示，单击【确定】按钮，即可发布视频。

图 5-15　发布视频

9. 自动分解

进入工作空间的浏览器，找到装配实例，单击鼠标右键选择【自动分解：所有级别】命令，完成自动分解，如图5-16所示。

10. 保存

任务拓展

（1）完成支架、销轴建模，如图5-17所示。

（2）完成装配，如图5-18、图5-19所示。

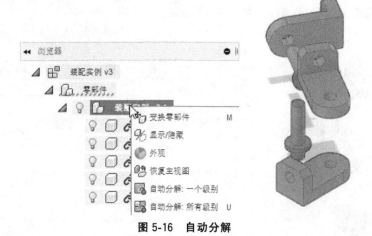

图 5-16　自动分解

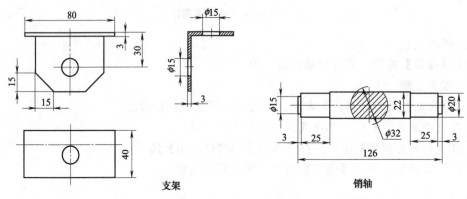

支架

销轴

图 5-17　完成支架、销轴建模

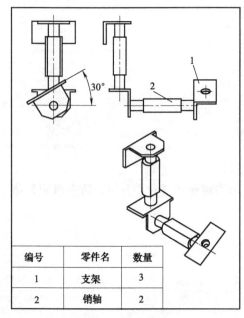

编号	零件名	数量
1	支架	3
2	销轴	2

图 5-18　完成装配 1

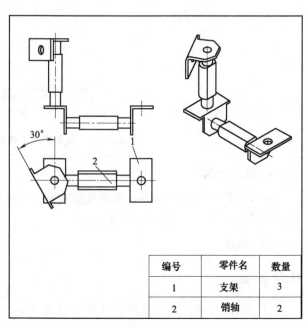

编号	零件名	数量
1	支架	3
2	销轴	2

图 5-19　完成装配 2

课题 2　绘制基本视图

学习目标

掌握绘制基本视图的方法。

工作任务

建立基本视图，如图 5-20 所示。

任务实施

1. 建立三视图

(1) 新建文件"基本视图实例.f3d"。

如图 5-20 所示，建立"基本视图实例"零件。

(2) 新建工程图

展开工作空间下拉菜单，选择【工程图】|【从设计】命令，出现【创建工程图】对话框。

① 在【目标】组，从【工程图】列表中选择【新建】选项；

② 从【模板】列表中选择【从头开始】选项；

③ 从【标准】列表中选择【ISO】选项；

④ 从【图纸尺寸】列表中选择【A3（420 毫米×297 毫米）】选项。

如图 5-21 所示，单击【确定】按钮，进入制图环境。

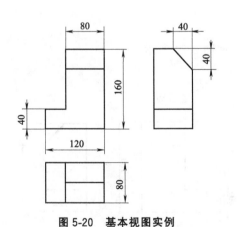

图 5-20　基本视图实例

图 5-21　新建工程图

💡 提示：关于在【目标】组中【标准】选项。

【标准】选项分为 IOS 和 ASME 两种标准来创建工程图。在图纸方面，Fusion 360 提供了 6 种规格标准的工程图纸尺寸，默认为 A3 纸。

图 5-22 添加基本视图

（3）添加基本视图

单击【基本视图】按钮 🗔，出现【工程视图】对话框。

① 在【外观】组，从【方向】列表中选择【右】选项；

②【样式】选择【可见边和隐藏边】；

③ 从【缩放】列表中选择【1：2】选项；

④ 在【边可见性】组，【相切边】选择【关闭】；

⑤ 在图纸区域左上角指定一点，添加【主视图】。

如图 5-22 所示，单击【确定】按钮，完成基本视图的添加。

💡 提示：关于主视图。

对 GB 标准的图，建议选择右视图作为主视图。

（4）添加投影视图

单击【投影视图】按钮 🔡。

① 在工作空间选中主视图为父视图；

② 向右拖动鼠标，指定一点，添加【左视图】；

③ 向下垂直拖动鼠标，指定一点，添加【俯视图】。

如图 5-23 所示，按 ESC 键退出。

2. 标注尺寸

单击【尺寸标注】按钮 📐，标注水平竖直尺寸，如图 5-24 所示。

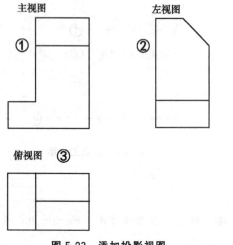

图 5-23　添加投影视图

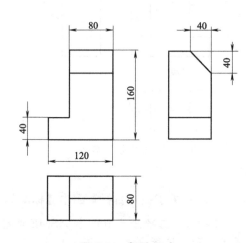

图 5-24　标注尺寸

> 提示：关于尺寸标注。
>
> 尺寸标注可以创建线性、角度、直径、半径以及对齐标注。

3. 存盘

单击【保存】按钮，保存文件。

任务拓展

建立如图 5-25、图 5-26 所示模型，在 A3 幅面绘制工程图。

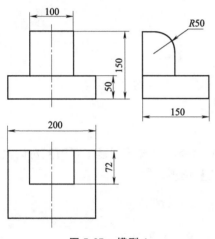

图 5-25　模型 1

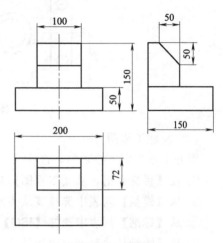

图 5-26　模型 2

课题 3　绘制剖视图

学习目标

1. 绘制全剖视图的方法。
2. 绘制半剖视图的方法。
3. 绘制局部剖视图的方法。

工作任务

剖视图应用，如图 5-27 所示。

任务实施

1. 建立视图

（1）新建文件"剖视图实例.f3d"

根据图 5-27 所示，建立"剖视图实例.f3d"零件。

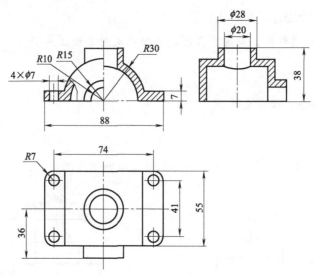

图 5-27　剖视图实例

（2）新建工程图

展开工作空间下拉菜单，选择【工程图】|【从设计】命令，出现【创建工程图】对话框。

① 在【目标】组，从【工程图】列表中选择【新建】选项；

② 从【模板】列表中选择【从头开始】选项；

③ 从【标准】列表中选择【ISO】选项；

④ 从【图纸尺寸】列表中选择【A3（420 毫米×297 毫米）】选项。

单击【确定】按钮，进入制图环境。

（3）添加俯视图

单击【基本视图】按钮，出现【工程视图】对话框。

① 在【外观】组，从【方向】列表中选择【右】选项；

②【样式】选择【可见边】；

③ 从【比例】列表中选择【1∶1】选项；

④ 在【边可见性】组，【相切边】选择【关闭】；

⑤ 在图纸区域左上角指定一点，添加【主视图】；

⑥ 单击【投影视图】按钮；

⑦ 在工作空间选中主视图为父视图；

⑧ 向下垂直拖动鼠标，指定一点，添加【俯视图】，按 Esc 键退出；

⑨ 删除主视图。

如图 5-28 所示。

2. 建立半剖视图

单击【剖视图】按钮。

① 选中需要剖视的视图为俯视图；

② 根据鼠标的提示，绘制剖切线，按 Enter 键退出绘制剖切线；

③ 移动鼠标到合适位置，单击鼠标确认，创建半剖视图。

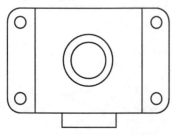

图 5-28　添加俯视图

如图 5-29 所示。

3. 建立全剖视图

单击【剖视图】按钮 ⬚。

① 选中需要剖视的视图为主视图；

② 根据鼠标的提示，绘制剖切线，按 Enter 键退出绘制剖切线；

③ 移动鼠标到合适位置，单击鼠标确认，创建全剖视图。

如图 5-30 所示。

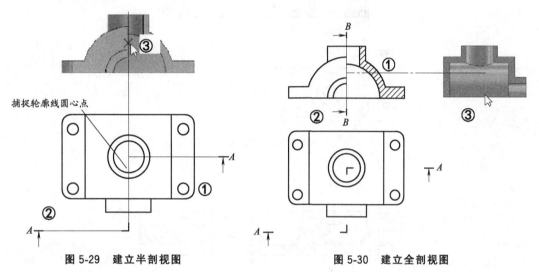

图 5-29　建立半剖视图　　　　　图 5-30　建立全剖视图

4. 局部剖视图

单击【剖视图】按钮 ⬚。

① 选中需要剖视的视图为俯视图；

② 根据鼠标的提示，绘制剖切线，按 Enter 键退出绘制剖切线；

③ 移动鼠标到合适位置，单击鼠标确认，创建全剖视图。

如图 5-31 所示。

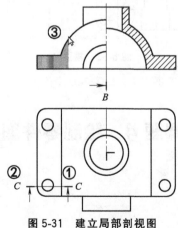

图 5-31　建立局部剖视图

5. 存盘

选择【保存】命令，保存文件。

任务拓展

试建立如图 5-32、图 5-33 所示模型，并建立工程图。

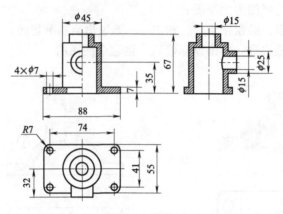

图 5-32　模型 3

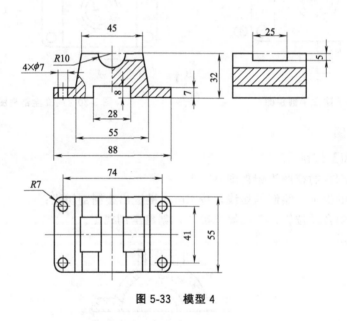

图 5-33　模型 4

课题 4　绘制零件图

学习目标

1. 绘制移出断面。
2. 绘制局部放大视图。
3. 绘制中心线。

4. 标注尺寸公差。

5. 标注表面结构。

6. 标注几何公差。

7. 标注技术要求。

工作任务

零件图应用，如图 5-34 所示。

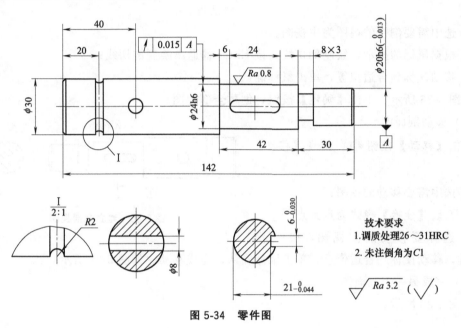

图 5-34　零件图

任务实施

1. 建立视图

（1）新建文件"零件图实例.f3d"

根据图 5-34 所示，建立"零件图实例"零件。

（2）新建工程图

展开工作空间下拉菜单，选择【工程图】|【从设计】命令，出现【创建工程图】对话框。

① 在【目标】组，从【工程图】列表中选择【新建】选项；

② 从【模板】列表中选择【从头开始】选项；

③ 从【标准】列表中选择【ISO】选项；

④ 从【图纸尺寸】列表中选择【A3（420 毫米×297 毫米）】选项。

单击【确定】按钮，进入制图环境。

（3）添加主视图

单击【基本视图】按钮，出现【工程视图】对话框。

① 在【外观】组，从【方向】列表中选择【右】选项；

②【样式】选择【可见边】；

③ 从【比例】列表中选择【1：1】选项；

④ 在【边可见性】组，【相切边】选择【关闭】；

⑤ 在图纸区域左上角指定一点，添加【主视图】。

图 5-35　添加主视图

如图 5-35 所示。

2. 移出断面

（1）绘制剖面图

单击【剖视图】按钮，出现【工程图】对话框。

① 选中需要剖视的视图为主视图；

② 根据鼠标的提示，绘制剖切线，按 Enter 键退出绘制剖切线；

③ 移动鼠标到合适位置，单击鼠标确认。

如图 5-36 所示，单击【确定】按钮，创建全剖视图。

（2）移动剖面图

单击【移动】按钮，出现【移动】对话框。

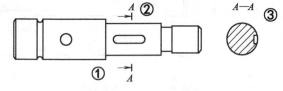

图 5-36　建立全剖视图

① 选中需要移动的视图；

② 开启【变换】模式为点到点；

③ 选择要移动的剖视图，按一下 Shift 键，移动鼠标到合适位置，单击鼠标确认，完成移动。如图 5-37 所示。

（3）完成另一个剖面图

如图 5-38 所示。

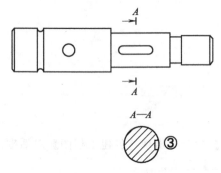

图 5-37　移动剖面图

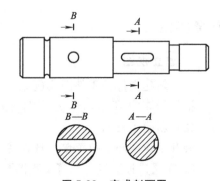

图 5-38　完成剖面图

3. 局部放大视图

单击【局部视图】按钮，出现【工程视图】对话框。

① 选中父视图；

② 指定要放大区域的中心点，在左侧沟槽下端中心位置拾取圆心，拖动光标，在适当的大小拾取半径；

③ 在【外观】组，从【缩放】列表中选择【2：1】选项；

④ 在沟槽正下方放置局部放大图。

如图 5-39 所示，单击【确定】按钮。

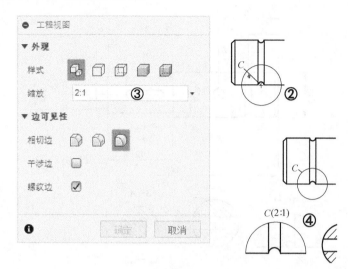

图 5-39　局部放大图

4. 创建中心线

（1）切换为中心线

单击【切换为中心线】按钮 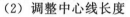，在主视图上选择两边线，如图 5-40 所示，创建中心线。

（2）调整中心线长度

单击中心线，中心线出现左右箭头，拖动调整长度，如图 5-41 所示。

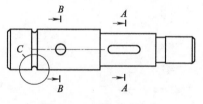

图 5-40　切换为中心线

（3）绘制中心标记

单击【中心标记阵列】按钮 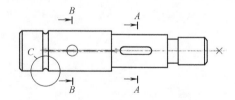，在主视图上选择圆和两键槽圆边，如图 5-42 所示，按 Enter 键。

图 5-41　调整中心线长度

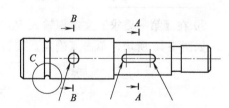

图 5-42　绘制中心标记

5. 标注尺寸

单击【尺寸标注】按钮 ▯，标注尺寸，如图 5-43 所示。

6. 创建公差

双击键槽深度 21 尺寸，出现【尺寸标注】对话框。

① 在【公差】组，从【类型】列表中选择【偏差】选项；

② 输入上下偏差。

如图 5-44，单击【确定】按钮。

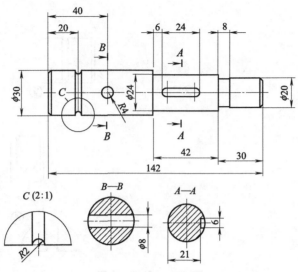

图 5-43 标注尺寸

图 5-44 上下偏差

⑥ 在【第一要求】文本框输入 $Ra0.8$。

如图 5-45 所示，单击【确定】按钮。

7. 表面结构标注

单击【尺寸标注】按钮【表面粗糙度】按钮 √。

① 提示：选择对象。选择要加工的面；

② 提示：指定起点，确定标注点；

③ 提示：指定点，按 Enter 键；

④ 出现【表面粗糙度】对话框；

⑤ 在【符号类型】组，单击【去除材料】按钮 √；

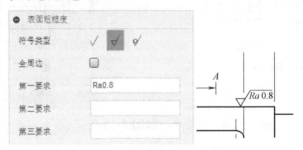

图 5-45 创建表面粗糙度符号

8. 几何公差

（1）单击【基准标识符号】按钮 $\boxed{A}$

① 提示：选择对象，选择基准面；

② 提示：指定起点，确定标注点；

③ 提示：指定点，确定标注位置，按 Enter 键；

④ 出现【基准标识符号】对话框；

⑤ 在【标识符】文本框输 A。

如图 5-46 所示，单击【确定】按钮。

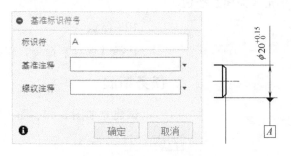

图 5-46　创建基准特征符号

(2) 单击【形位公差符号】按钮⊞1，出现【特征控制框】对话框

① 提示：选择对象，选择 $\phi24$ 尺寸线；

② 提示：指定起点，确定标注点；

③ 提示：指定点，确定标注位置，按 Enter 键；

④ 出现【形位公差符号】对话框；

⑤ 在【第一帧】组，单击【圆跳动】按钮；

⑥ 在【第一个公差】文本框输入 0.015；

⑦ 在【第一个基准】文本框输入 A。

如图 5-47 所示，单击【确定】按钮。

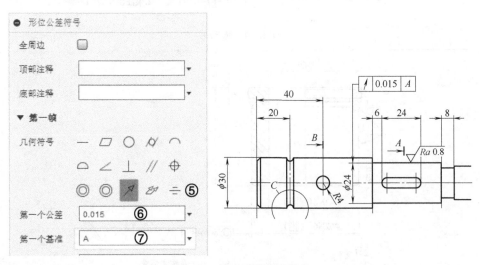

图 5-47　创建形位公差符号

9. 技术要求

单击【文本】按钮A，出现【文本】对话框。

① 在适当位置拾取一点作为指定位置，拾取另一点作为指定终点；

② 输入文本：

技术要求

1. 未注倒角 $C1.5$。

2. HRC58～64。

如图 5-48 所示，单击【关闭】按钮。

图 5-48　技术要求

10. 存盘

选择【保存】命令，保存文件。

任务拓展

试建立如图 5-49、图 5-50 所示模型。

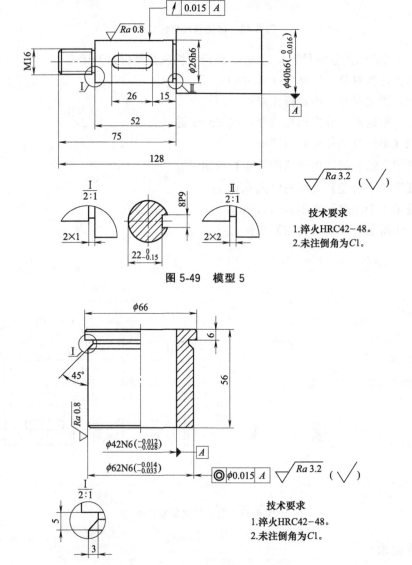

图 5-49　模型 5

技术要求
1.淬火HRC42-48。
2.未注倒角为$C1$。

图 5-50　模型 6

技术要求
1.淬火HRC42-48。
2.未注倒角为$C1$。

练习集

要求：①根据装配示意图、零件简图以及工作原理，建立装配模型；②选中合适的表达方法，生成装配工程图；③根据给定每一题的零件立体图，建立零件模型，选择合适的表达方法，绘制标准零件工程图。

1. 回油阀设计

(1) 回油阀工作原理（图 5-51）

回油阀是装在柴油发动机供油管路中的一个部件，用以使剩余的柴油回到油箱中。

简图上用箭头表示了油的流动方向，在正常工作时，柴油从阀体 1 右端孔流入，从下端孔流出；当主油路获得过量的油，并且超过允许的压力时，阀门 2 即被压抬起，过量的油就从阀体 1 和阀门 2 开启后的缝隙中流出，从左端管道流回油箱。

阀门 2 的启闭由弹簧 5 控制，弹簧压力的大小由螺杆 8 调节。阀帽 7 用以保护螺杆 8 免受损伤或触动。

阀门 2 中的螺孔是在研磨阀门接触面时，连接带动阀门转动的支承杆和装卸阀门用的。阀门 2 下部有两个横向小孔，其作用一是快速溢油，以减少阀门运动时的背压力，二是当拆卸阀门时，先用一小棒插入横向小孔中不让阀门转动，然后就能在阀门中旋入支承杆，拆卸出阀门。

阀体 1 中装配阀门的孔 $\phi30H7$，采用了四个凹槽的结构，可减少加工面及减少阀门运动时的摩擦力，它和阀门 2 的配合为 $\phi34\dfrac{H7}{g6}$。

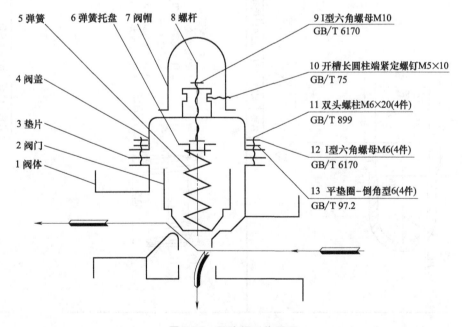

图 5-51　回油阀工作原理

(2) 主要零件的零件简图（图 5-52）

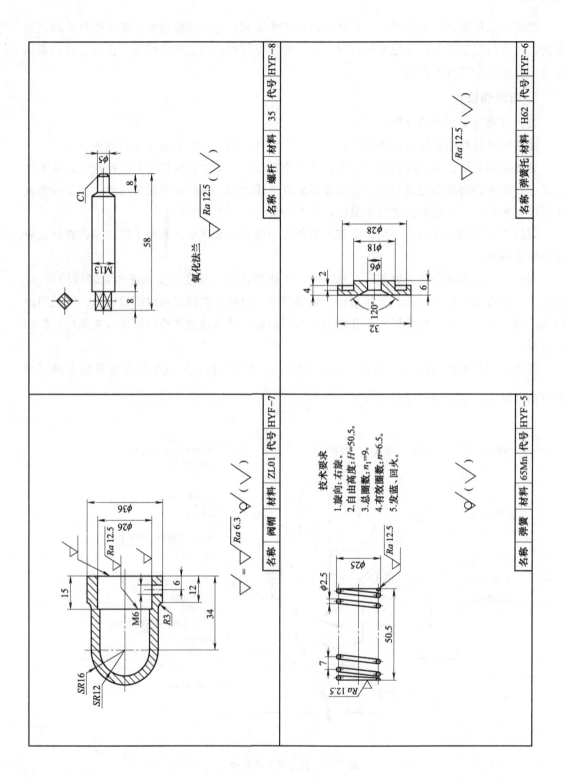

氧化法兰

$\sqrt{Ra\,12.5}$ ($\sqrt{}$)

| 名称 | 螺杆 | 材料 | 35 | 代号 | HYF–8 |

$\sqrt{Ra\,12.5}$ ($\sqrt{}$)

| 名称 | 弹簧托 | 材料 | H62 | 代号 | HYF–6 |

$= \sqrt{Ra\,6.3}$ ∇ ($\sqrt{}$)

| 名称 | 阀帽 | 材料 | ZL01 | 代号 | HYF–7 |

技术要求
1.旋向:右旋。
2.自由高度:$H=50.5$。
3.总圈数:$n_1=9$。
4.有效圈数:$n=6.5$。
5.发蓝,回火。

∇ ($\sqrt{}$)

| 名称 | 弹簧 | 材料 | 65Mn | 代号 | HYF–5 |

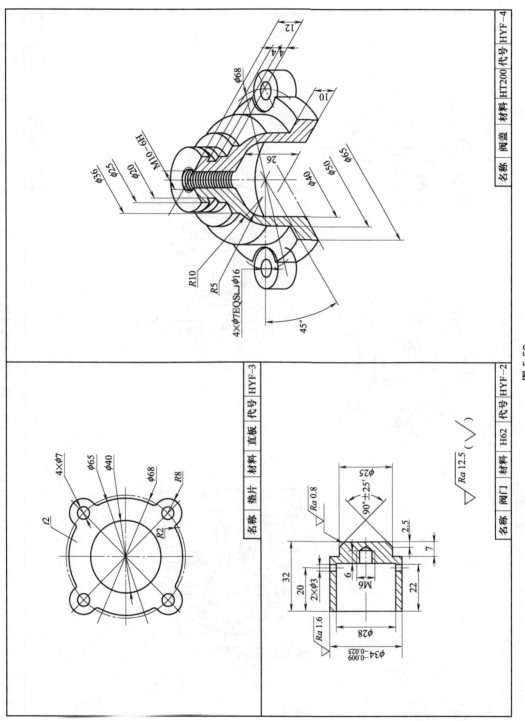

图 5-52

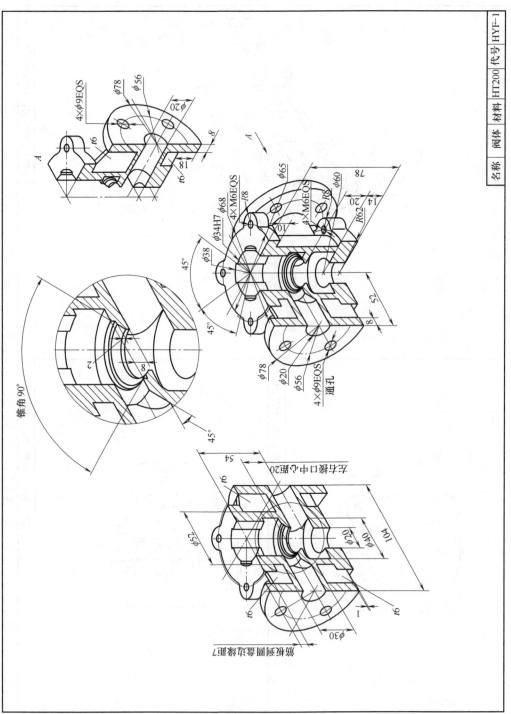

图 5-52　回油阀零件图

2. 安全阀设计

（1）安全阀工作原理（图 5-53）

安全阀是由下阀体 7、阀瓣 8、隔板 5、上阀体 3 和弹簧 4 等主要零件组成。

通常阀瓣 8 受弹簧 4 的压力，将阀体下口封闭，当下部进油口压力升高足以克服弹簧的压力时，阀瓣 8 升高，打开封口使液体进入阀体向左出口。调节螺钉 14 下部带小圆柱头伸入座垫 13 的小孔内。转动调节螺钉 14 则钉头即可下降或上升，移动座垫 13 为弹簧增压或减压，以达到调节安全压力的目的。螺母 1 是锁紧螺母，调节螺钉 14 与上阀体 3 有螺纹连接，在调到适当位置后用螺母锁紧。

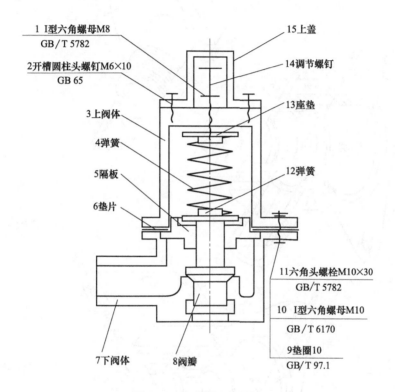

图 5-53　安全阀工作原理

（2）主要零件的零件简图（图 5-54）

3. 安全旁路阀设计

（1）安全旁路阀工作原理（图 5-55）

安全旁路阀在正常工作中，阀门 12 在弹簧 2 的压力下关闭。工作介质（气体或液体）从阀体 1 右部管道进入，由下孔流到工作部件。当管路中由于某种原因压力增高超过弹簧的压力时，顶开阀门 12，工作介质从左部管逆流到其他容器中，保证了管路的安全。当压力下降后，弹簧 2 又将阀门关闭。

弹簧 2 压力的大小由扳手 9 调节，螺母 10 防止螺杆 11 松动。阀门上两个小圆孔的作用是使进入阀门内腔的工作介质流出或流入。

（2）主要零件的零件简图（图 5-56）

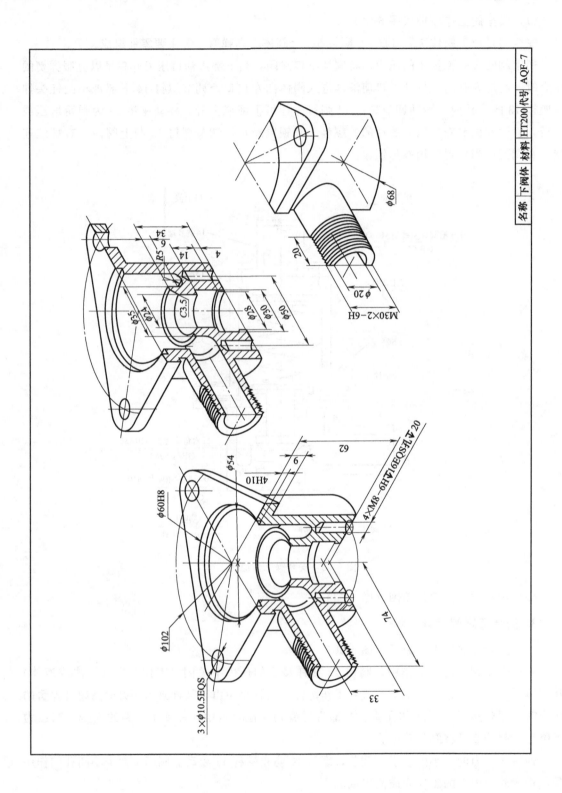

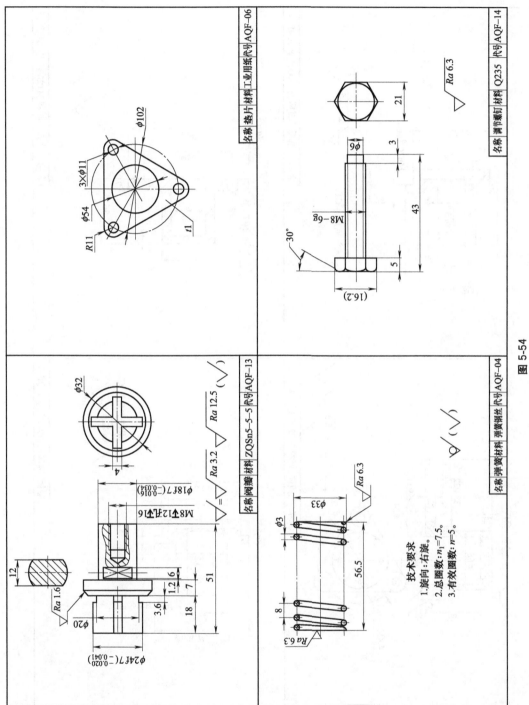

图 5-54

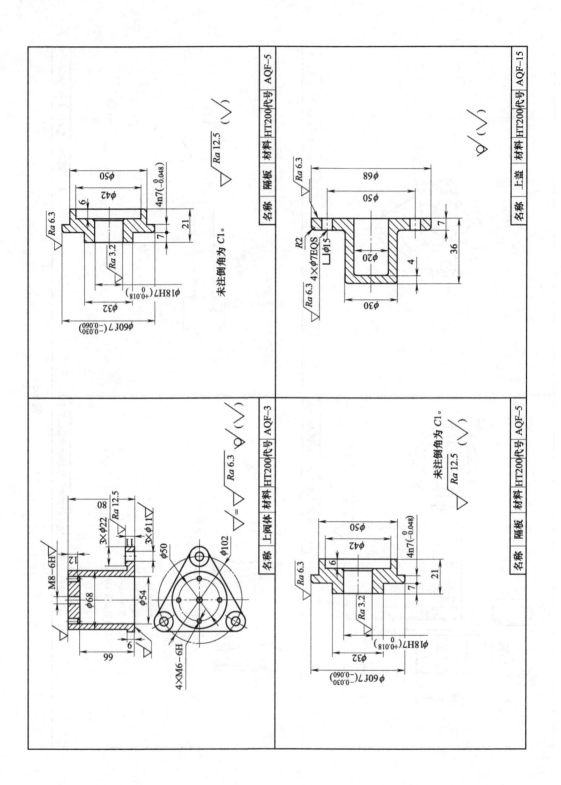

未注倒角为C1。

$\sqrt{Ra\,12.5}$ $(\sqrt{\quad})$

| 名称 | 隔板 | 材料 | HT200 | 代号 | AQF-5 |

$\sqrt{Ra\,6.3}$ $\sqrt[\circ]{(\sqrt{\quad})}$

| 名称 | 上盖 | 材料 | HT200 | 代号 | AQF-15 |

$\sqrt{Ra\,6.3}$ = $\sqrt{Ra\,6.3}$ $\sqrt[\circ]{(\sqrt{\quad})}$

| 名称 | 上阀体 | 材料 | HT200 | 代号 | AQF-3 |

未注倒角为C1。

$\sqrt{Ra\,12.5}$ $(\sqrt{\quad})$

| 名称 | 隔板 | 材料 | HT200 | 代号 | AQF-5 |

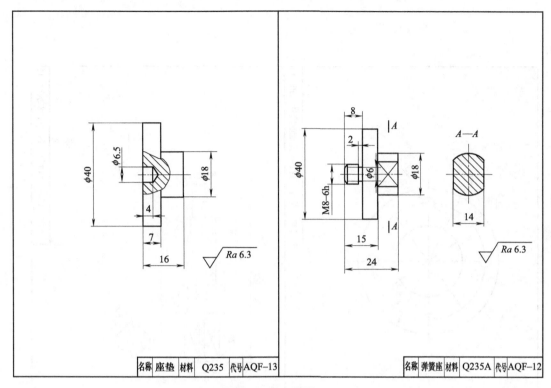

名称	座垫	材料	Q235	代号	AQF–13

名称	弹簧座	材料	Q235A	代号	AQF–12

图 5-54　安全阀零件图

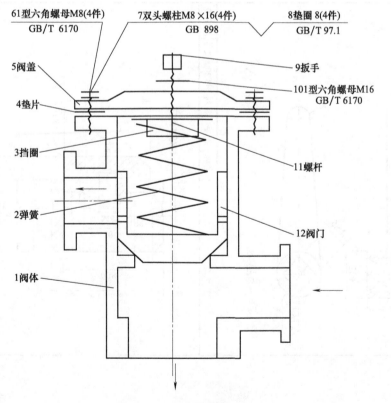

图 5-55　安全旁路阀工作原理

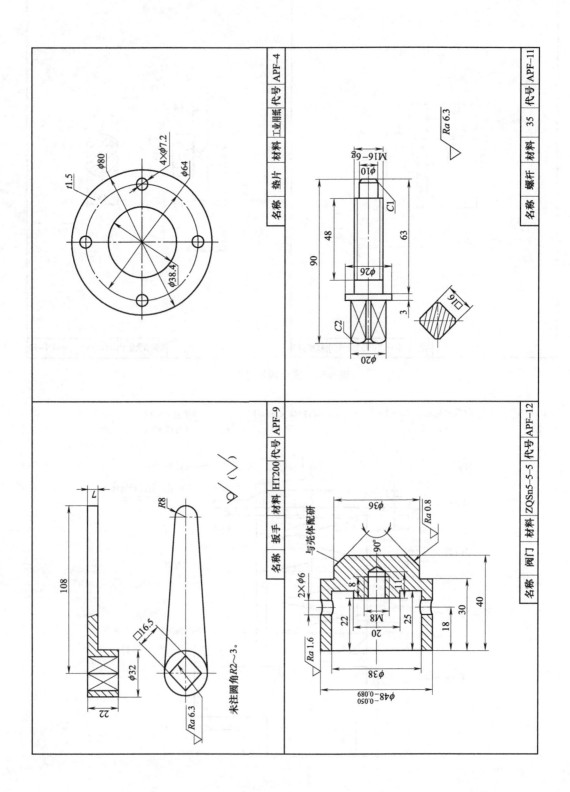

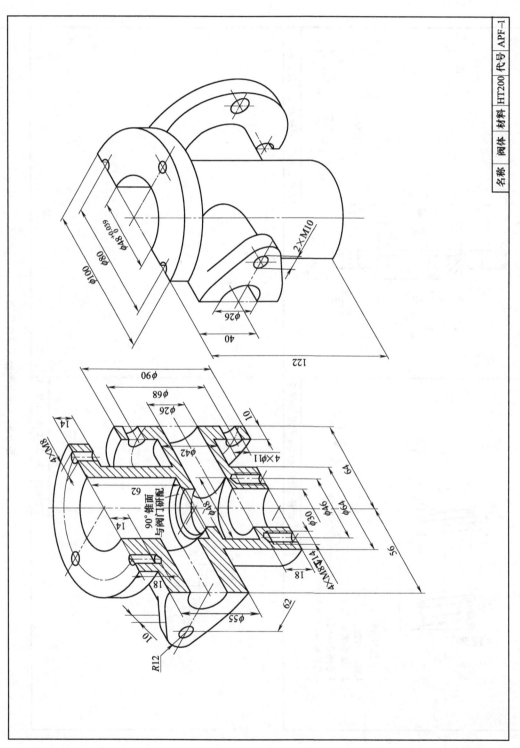

图 5-56

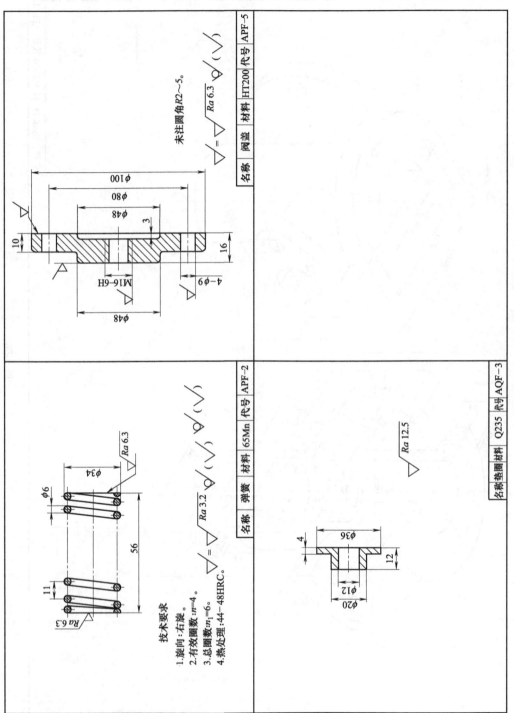

图 5-56　安全旁路阀零件简图

4. 机床尾架设计

(1) 机床尾架工作原理 (图 5-57)

转动手轮 13，带动螺杆 7 旋转，因螺杆不能轴向移动，又由于导键 4 的作用，心轴 6 只能沿轴向移动，并同时带动顶尖 5 移动到不同位置来顶紧工作，反转手轮 13，可以将顶尖 5 推出拆下。机床尾架体 3 可以沿机床导轨纵向移动，当需要固定在某个位置时，扳动手柄 15，通过偏心轴 16，拉杆即将尾架体固紧在导轨上。尾架体 3 可以在托板 2 上沿坑 28H8 里作横向移动，是同时移动两个螺栓 18，带动两个特殊螺母 17 实现。

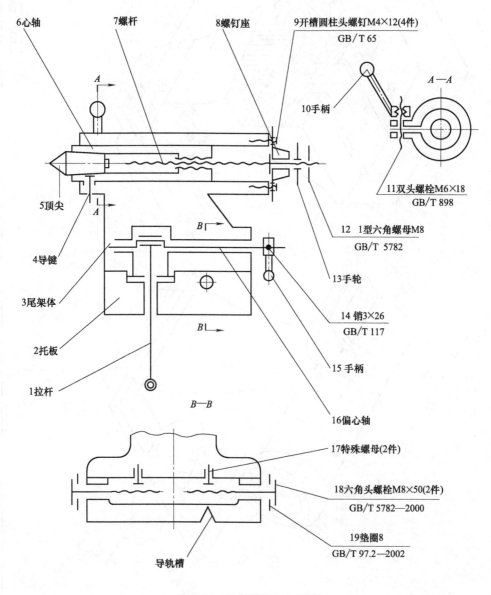

图 5-57 机床尾架工作原理

(2) 主要零件的零件简图 (图 5-58)

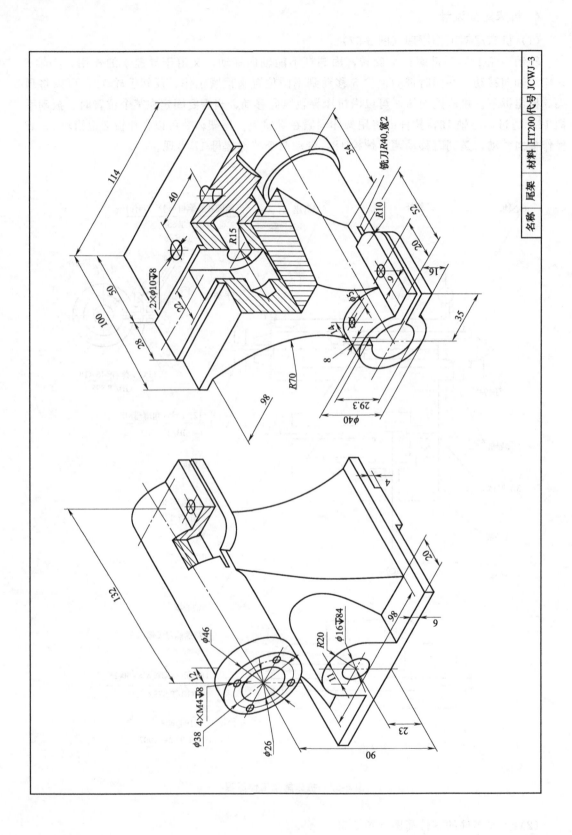

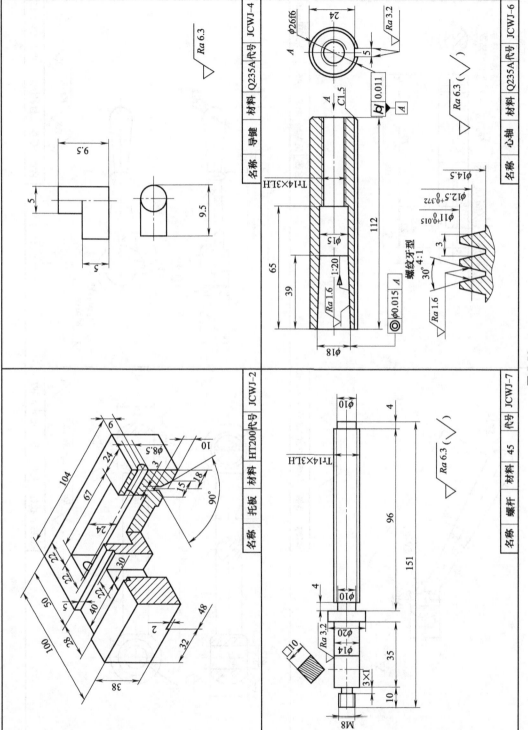

| 名称 | 导键 | 材料 | Q235A | 代号 | JCWJ-4 |

√ Ra 6.3

| 名称 | 心轴 | 材料 | Q235A | 代号 | JCWJ-6 |

√ Ra 6.3 (√)

Tr14×3LH

螺纹牙型
30° 4:1

| 名称 | 托板 | 材料 | HT200 | 代号 | JCWJ-2 |

| 名称 | 螺杆 | 材料 | 45 | 代号 | JCWJ-7 |

Tr14×3LH

√ Ra 6.3 (√)

图 5-58

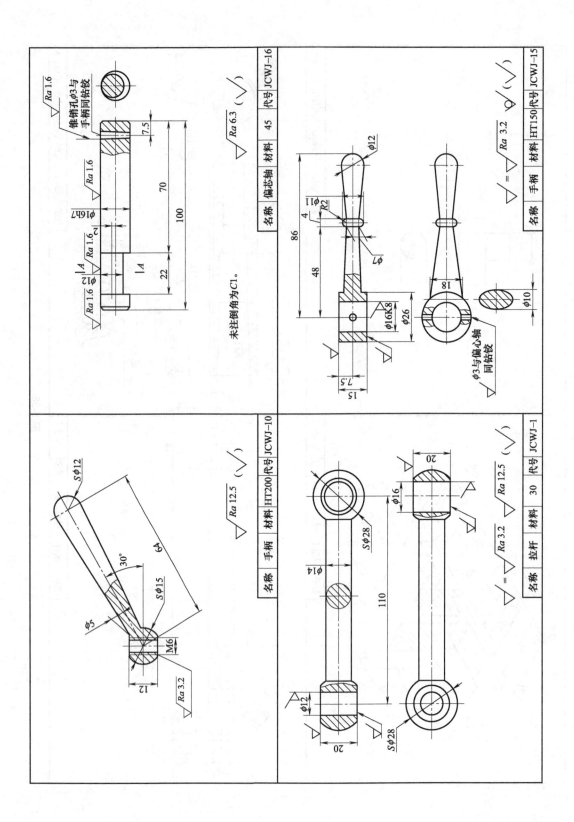

未注倒角为C1。

名称	偏芯轴	材料	45	代号	JCWJ-16

$\sqrt{Ra\,6.3}$ ($\sqrt{}$)

名称	手柄	材料	HT150	代号	JCWJ-15

$\sqrt{Ra\,3.2}$ $\sqrt[=]{}$ ($\sqrt{}$)

名称	手柄	材料	HT200	代号	JCWJ-10

$\sqrt{Ra\,12.5}$ ($\sqrt{}$)

名称	拉杆	材料	30	代号	JCWJ-1

$\sqrt[=]{Ra\,3.2}$ $\sqrt{Ra\,12.5}$ ($\sqrt{}$)

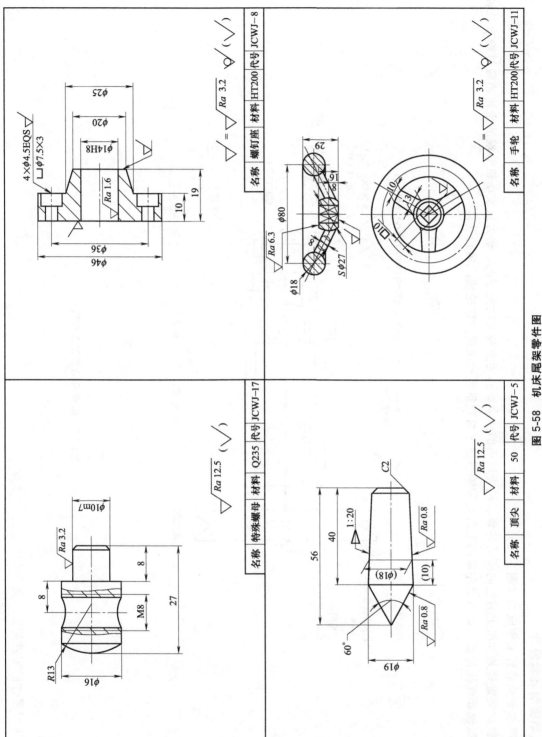

图 5-58　机床尾架零件图

5. 风扇驱动装置设计

(1) 风扇驱动装置工作原理 (图 5-59)

风扇驱动装置是柴油机上后置的驱动装置。机壳底面的四个螺孔为安装发动机用的。动力从发动机前端的齿轮箱通过输出长轴与后端总成的联轴器连接传动。该总成的三角皮带轮通过三角胶带带动风扇皮带轮使风扇转动。

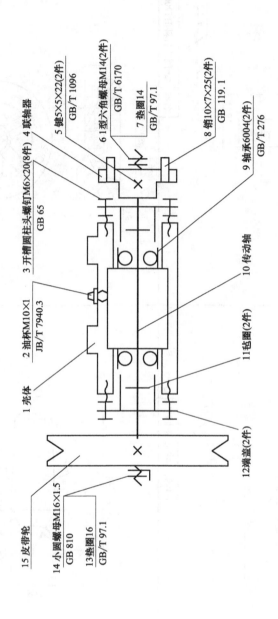

1 壳体

2 油杯M10×1
JB/T 7940.3

3 开槽圆柱头螺钉M6×20(8件)
GB 65

4 联轴器

5 键5×5×22(2件)
GB/T 1096

6 1型六角螺母M14(2件)
GB/T 6170

7 垫圈14
GB/T 97.1

8 销10×7×25(2件)
GB 119.1

9 轴承6004(2件)
GB/T 276

10 转动轴

11 毡圈(2件)

12 端盖(2件)

15 皮带轮

14 小圆螺母M16×1.5
GB 810

13 垫圈16
GB/T 97.1

图 5-59 风扇驱动装置工作原理

(2) 主要零件的零件简图 (图 5-60)

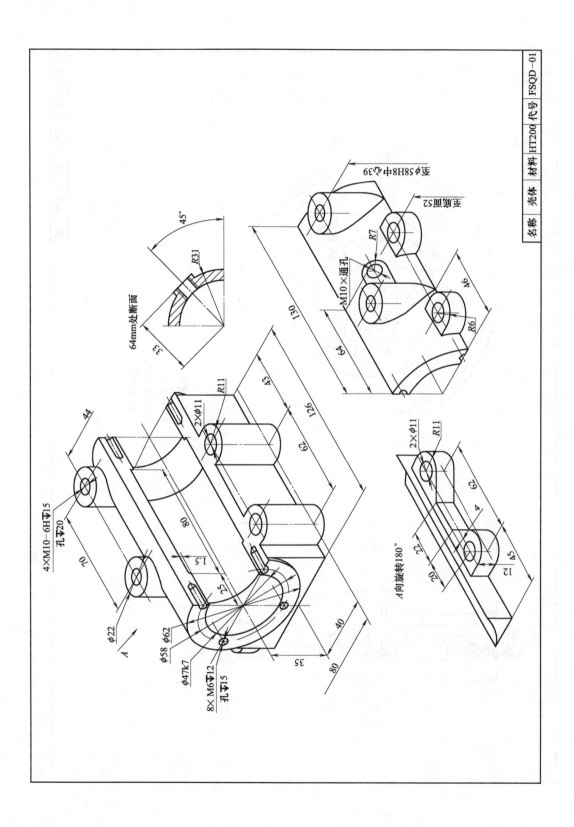

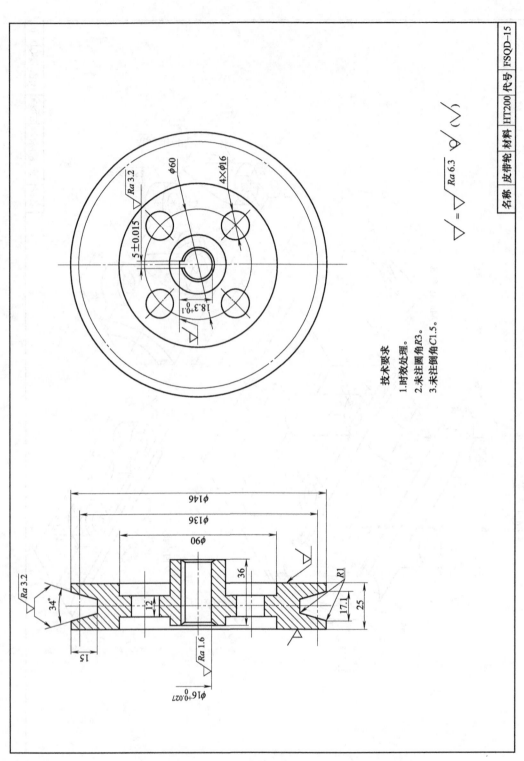

技术要求
1.时效处理。
2.未注圆角R3。
3.未注倒角C1.5。

名称 皮带轮 材料 HT200 代号 FSQD-15

图 5-60

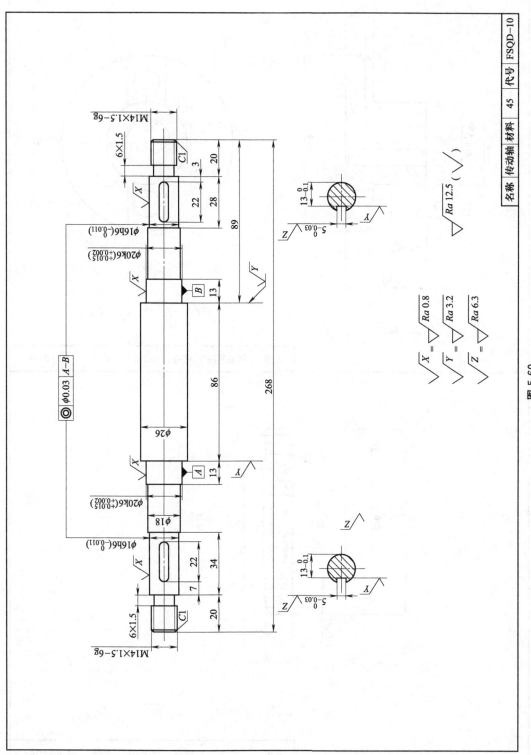

图 5-60

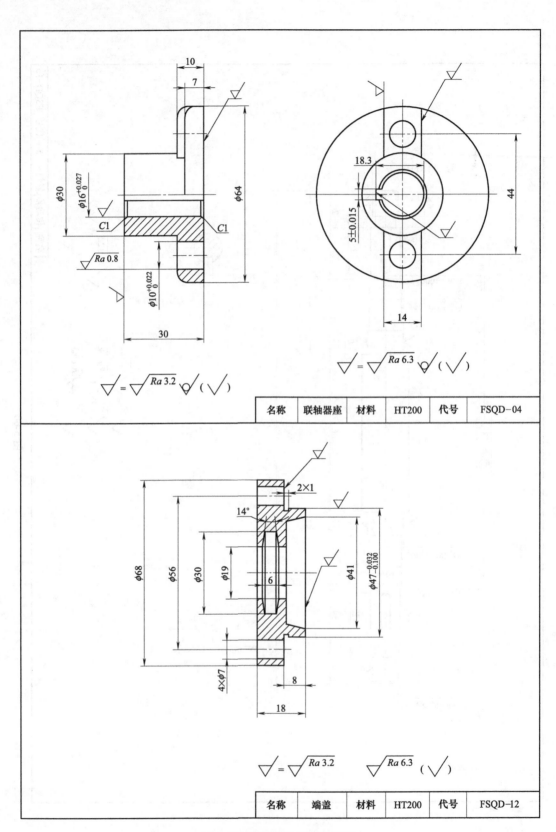

图 5-60　风扇驱动装置零件图

6. 锥齿轮启闭器设计

(1) 锥齿轮启闭器工作原理 (图 5-61)

锥齿轮启闭器用于开闭水渠闸门。机架 1 下面有 6 个螺栓孔，用螺栓可将启闭器安装在阀墩上面的梁上。水渠阀门（图中未画出）与丝杠 8 下端相接，摇动手柄 15，使齿轮转动，通过平键 7 使螺母 13 旋转，螺母 13 的台肩卡在托架 11 和止推轴承 2 之间，因而不能上下移动，只能使丝杠带动阀门上下移动，达到开闭阀门之目的。

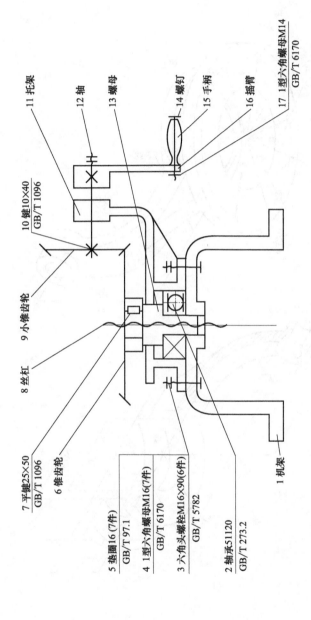

图 5-61 锥齿轮启闭器工作原理

(2) 主要零件的零件简图 (图 5-62)

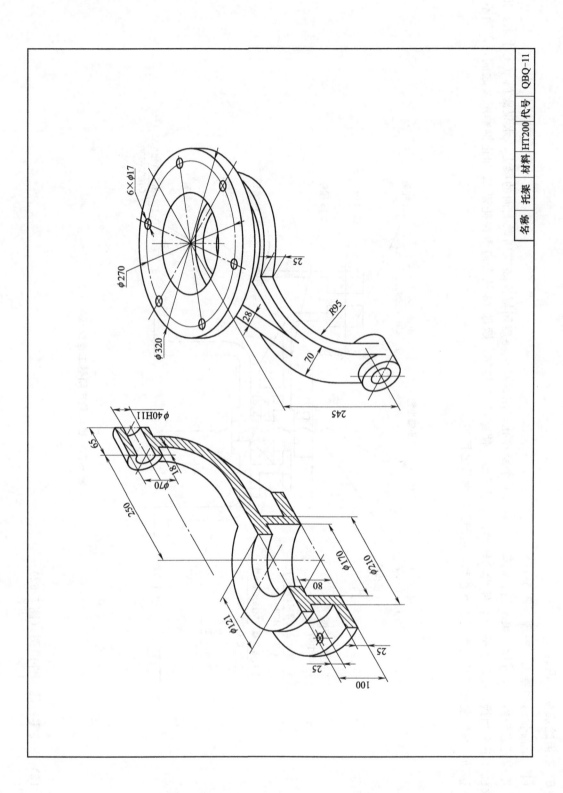

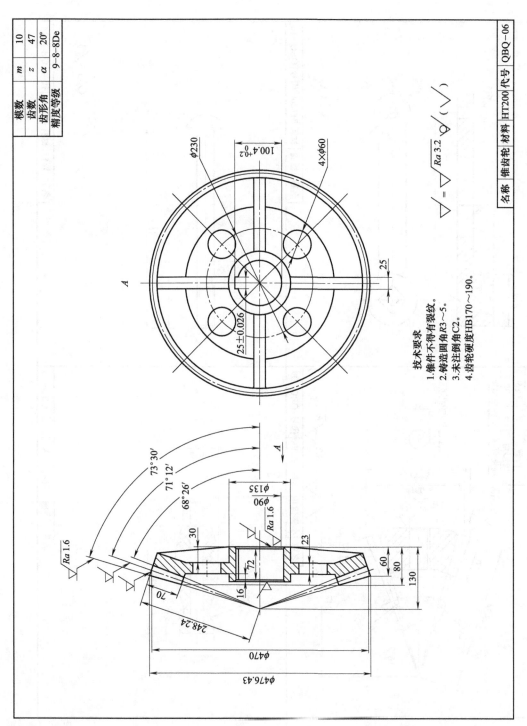

模数	m	10
齿数	z	47
齿形角	α	20°
精度等级		9-8De

$\phi230$

$100.4_{0}^{+0.2}$

$4\times\phi60$

25 ± 0.026

25

A

$\nabla = \sqrt{Ra\,3.2}\quad \nabla\!\left(\sqrt{}\right)$

技术要求
1.锥体不得有裂纹。
2.铸造圆角R3~5。
3.未注倒角C2。
4.齿轮硬度HB170~190。

73°30'
71°12'
68°26'

A

$\phi135$
$\phi90$
$\sqrt{Ra\,1.6}$

30
72
16
23

$\sqrt{Ra\,1.6}$

70
60
80
130

248.24
$\phi470$
$\phi476.43$

名称	锥齿轮	材料	HT200	代号	QBQ-06

图 5-62

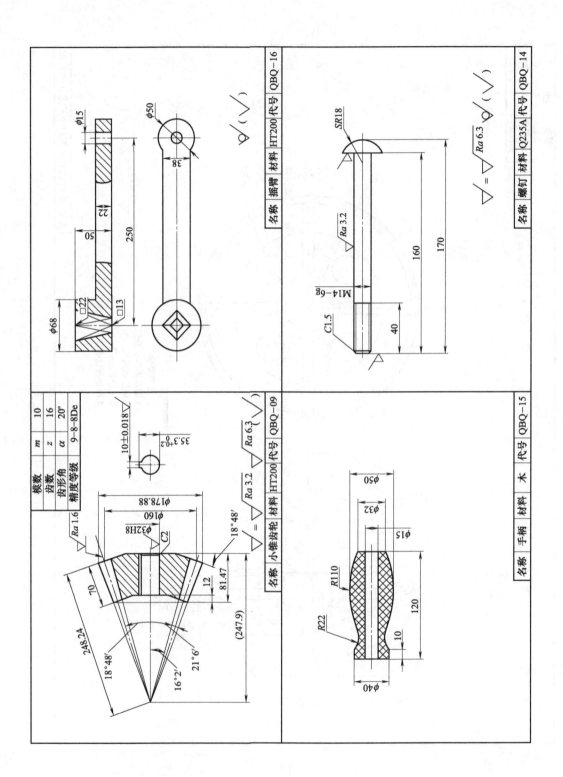

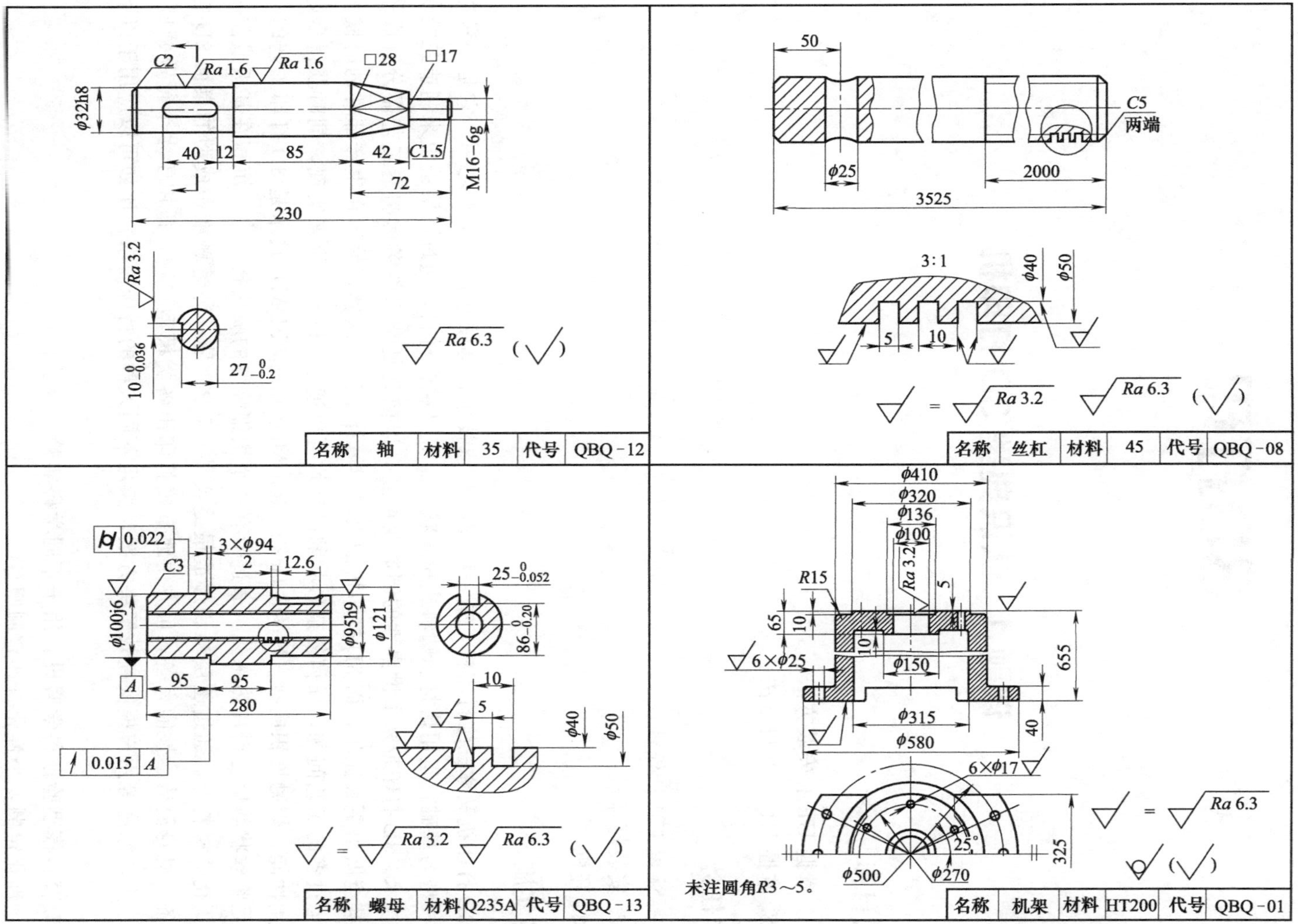

图 5-62　锥齿轮启闭器零件图

3D打印

课题 1　认识典型 3D 打印机

学习目标

1. 掌握 UP！安装方法。
2. 掌握 UP！开机方法。

工作任务

1. 认识 UP！外观。
2. 安装打印机。
3. 开机。

任务实施

3D 打印机又称三维打印机，是一种增材制造技术，即快速成型技术之一。它是一种以数字模型为基础，运用蜡材、塑料或粉末状金属等可黏合材料，通过逐层铺设来制造三维实体的技术。3D 打印带来了世界性的制造业革新，以前是复杂部件考虑制造工艺需分解成子部件甚至做出更大让步，而 3D 打印机的出现，填补了这一缺憾，使得在生产部件的时候不再考虑过多的工艺问题，任何复杂形状的设计均可以通过 3D 打印机来实现，同时获得良好的使用性能。熔融堆积成型（Fused Deposition Modeling，FDM）技术是 3D 打印工艺的一种，是将丝状热熔材料加热融化，通过带有一个微细喷嘴的喷头挤出来，沉积在基板或前一层已固化的材料上，通过逐层堆积形成最终实体。UP！是一种熔融堆积成型的桌面 3D 打印设备，机身简洁、性能完备，可方便地直接打印出各类模型实物，适用于多个行业领域，更为个人、家庭等用户提供高效解决方案，满足不同人群的特殊需求。比如可以应用于以下领域。

教育：模型验证科学假设，用于不同学科实验、教学。

个性化定制：个性化打印定制服务。

文化创意和数码娱乐：形状和结构复杂、材料特殊的艺术表达载体。

工业制造：产品概念设计、原型制作、产品评审、功能验证、制作模具原型或直接打印模具、直接打印产品。

消费品：珠宝、服饰、鞋类、玩具、创意 DIY 作品的设计和制造等。

1. 认识 UP！外观

（1）UP！打印机正面、背面，如图 6-1 所示。

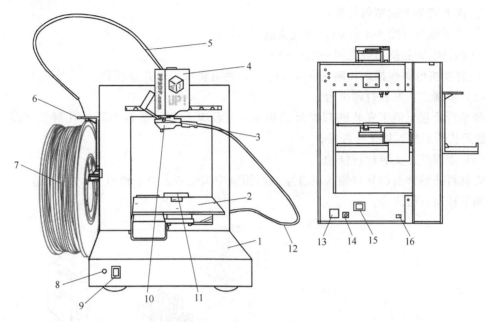

图 6-1　UP！三维打印机

1—基座；2—打印平台；3—喷嘴；4—喷头；5—丝管；6—材料挂轴；7—丝材；8—信号灯；
9—初始化按钮；10—水平校准器；11—自动对高块；12—3.5mm 双头线；13—电源接口；
14—3.5mm 线接口；15—电源开关按钮；16—USB 连接口

（2）打印机坐标轴，如图 6-2 所示。

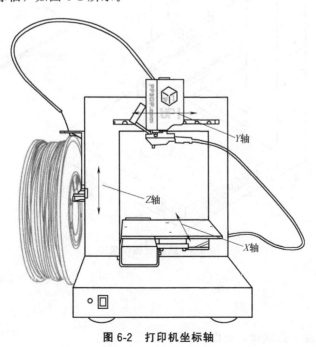

图 6-2　打印机坐标轴

2. 安装打印机

按以下步骤组装机器，如图 6-3 所示。

(1) 步骤一：安装喷头。

① 卸下喷头上的塑料外壳；

② 拧下螺丝（图 6-3 中 d），对喷头进行调试；

③ 确保喷头和挤出轴在同一水平面上；

④ 将喷头电源线插入插座（图 6-3 中 c），然后将喷头外壳重新装上。

(2) 步骤二：安装打印平台。

将平台升起至便于安装底部螺丝的高度，且使其和打印平板的螺丝孔对齐（图 6-3 中 f），然后从顶部放入螺丝并拧紧。

(3) 步骤三：安装材料挂轴。

将材料挂轴背面的开口插入机身左侧的插槽中（图 6-3 中 a 和图 6-3 中 b 之间的方孔），然后向下推动以便固定。

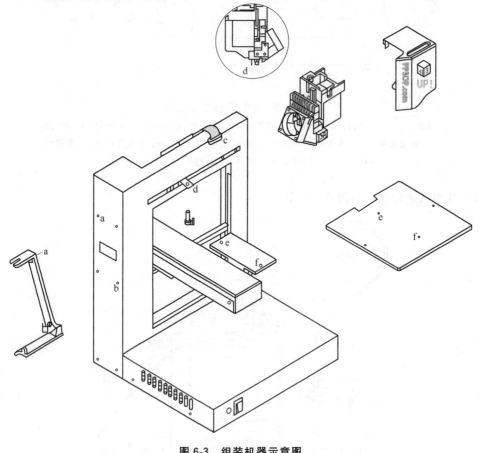

图 6-3　组装机器示意图

3. 开机

① 接通电源。

② 将打印材料插入送丝管，如图 6-4 所示。

③ 双击桌面图标 ![UPStudio]，启动 UP！软件，单击【UP】进入系统，如图 6-5 所示。

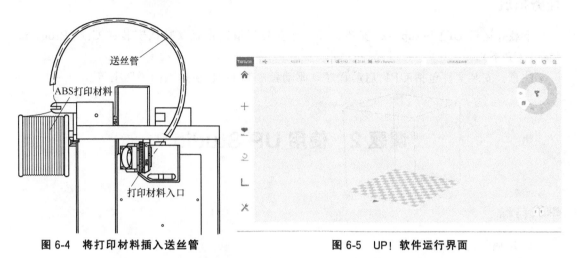

图 6-4　将打印材料插入送丝管　　　　　图 6-5　UP！软件运行界面

④ 选择菜单【维护】命令 ![工具图标]，出现【维护】对话框。点击【挤出】按钮，如图 6-6 所示。

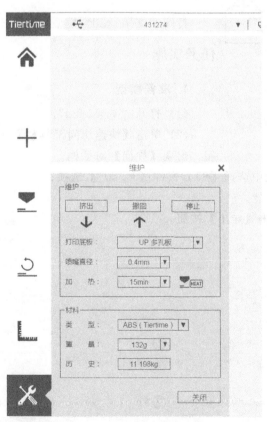

图 6-6　【维护】对话框

⑤ 喷嘴加热至 260℃后，打印机会蜂鸣。将丝材插入喷头，并轻微按住，直到喷头挤出

细丝。

任务拓展

下载并运行 UP! Setup.exe 安装文件，并安装到指定目录（默认安装在 C：\ Program files \ UP 下）。

注意：安装文件包括 UP! 启动程序，驱动程序和 UP! 快速入门说明书等。

课题 2 使用 UP Studio

学习目标

1. 掌握如何准备模型。
2. 掌握如何载入一个 3D 模型。
3. 掌握如何准备打印。

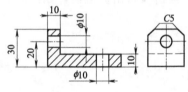

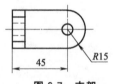

图 6-7 支架

① 从【类型】列表中选择【STL 文件（ * . stl)】选项；

② 确定导出零件位置。

如图 6-8 所示，单击【导出】按钮。

工作任务

打印"支架 . f3d"模型，如图 6-7 所示。

任务实施

1. 准备模型

（1）打开"支架 . f3d"。

（2）单击【快速访问工具栏】上的【文件】|【导出】按钮，出现【导出】对话框。

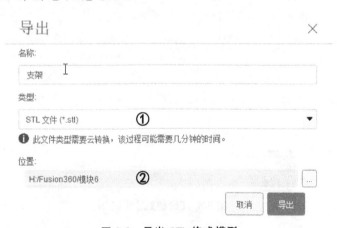

图 6-8 导出 STL 格式模型

2. 启动程序

双击桌面图标 ，启动 UP! 软件,单击【UP】进入系统,如图 6-5 所示。

3. 载入一个 3D 模型

(1) 选择菜单【添加】命令 ，出现【添加】对话框。

① 选中【自动摆放】复选框;

② 单击【添加模型】按钮,出现【选择模型】对话框,选择要打印的模型。

如图 6-9 所示。

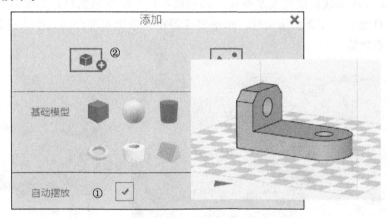

图 6-9　载入一个 3D 模型

　　(2) 查看模型的详细资料。将鼠标移到模型上,点击鼠标左键,模型的详细资料介绍会悬浮显示出来,如图 6-10 所示。

　　(3) 用户可以打开多个模型并同时打印它们。只要依次添加需要的模型,并把所有的模型排列在打印平台上,就会看到关于模型的更多信息,如图 6-11 所示。

图 6-10　查看模型的详细资料

图 6-11　打开多个模型

图 6-12　卸载模型

4. 卸载模型

将鼠标移至模型上，点击鼠标右键，会出现一个下拉菜单，选择【删除】命令或者【全部删除】卸载所有模型，如图 6-12 所示。

5. 准备打印

（1）初始化打印机

在打印之前，需要初始化打印机。点击【初始化打印机】按钮 ↻，当打印机发出蜂鸣声，初始化即开始。打印喷头和打印平台将再次返回到打印机的初始位置，当准备好后将再次发出蜂鸣声。

（2）调平打印平台

在正确校准喷嘴高度之前，需要检查喷嘴和打印平台四个角的距离是否一致。可以借助配件附带的"水平校准器"来进行平台的水平校准，校准前，请将水平校准器吸附至喷头下侧，并将 3.5mm 双头线依次插入水平校准器和机器后方底部的插口，如图 6-13 所示，当点击软件中的【自动水平校准】选项时，水平校准器将会依次对平台的九个点进行校准，并自动列出当前各点数值。

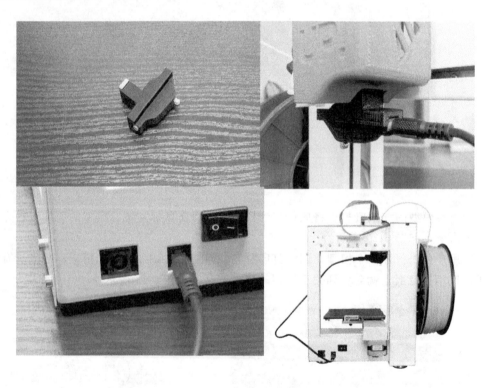

图 6-13　调平打印平台

💡 提示：3.5mm 线接头在插入机身底部的接口时容易插不到根部，请用力插进。

如经过水平校准后发现打印平台不平或喷嘴与各点之间的距离不相同，可通过调节平台底部的弹簧来实现矫正，如图 6-14 所示。

拧松一个螺丝，平台相应的一角将会升高。拧紧或拧松螺丝，直到喷嘴和打印平台四个角的距离一致。

图 6-14　弹簧和底部螺丝位置

1，2，3—平台底部三个螺丝

（3）校准喷嘴高度

为了确保打印的模型与打印平台黏结正常，防止喷头与工作台碰撞对设备造成损害，需要在打印开始之前进行校准，设置喷头高度。该高度以喷嘴距离打印平台 0.2mm 时喷头的高度为佳，如图 6-15 所示。

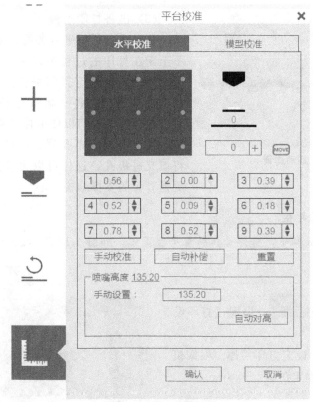

图 6-15　校准喷嘴高度

（4）喷嘴自动测试

在设定喷嘴高度前，还可以借助打印平台后部的【自动对高】来测试喷嘴高度。测试前，将水平校准器自喷头取下，并确保喷嘴干净以便测量准确。将 3.5mm 双头线分别插入自动对高块和机器后方底部的插口，然后点击软件中的【喷嘴高度测试选项】，平台会逐渐上升，接近喷嘴时，上升速度会变得非常缓慢，直至喷嘴触及自动对高块上的弹片，测试即完成，软件将会弹出喷嘴当前高度的提示框，如图 6-16 所示。

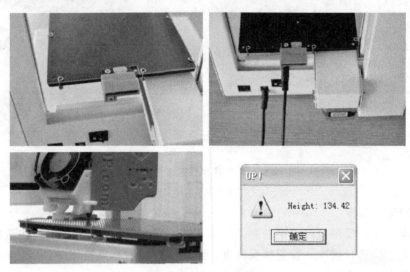

图 6-16　测试喷嘴高度

图 6-17　拨动弹簧

（5）准备打印平台

打印前，须将平台备好，才能保证模型稳固，不至于在打印的过程中发生偏移。可借助平台自带的八个弹簧固定打印平板，在打印平台下方有八个小型弹簧，将平板按正确方向置于平台上，然后轻轻拨动弹簧以便卡住平板，如图 6-17 所示。

板上均匀分布孔洞。一旦打印开始，塑料丝将填充进板孔，这样可以为模型的后续打印提供更强有力的支撑结构。

提示：取下打印平板。

如需将打印平板取下，将弹簧扭转至平台下方，如图 6-18 所示。

（6）打印设置

单击【打印】按钮，出现【打印设置】对话框。

①【层片厚度】，设定打印层厚，根据模型的不同，每层厚度设定在 0.2～0.4mm。

②【填充方式】选用【15%】。

如图 6-19 所示，单击【打印预览】按钮。

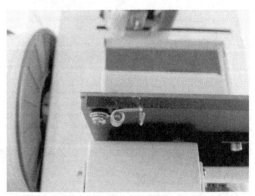

图 6-18　将弹簧扭转至平台下方

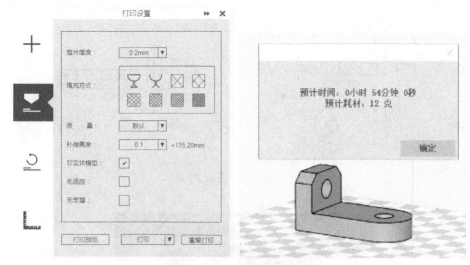

图 6-19 【打印设置】对话框

（7）移除模型

① 当模型完成打印时，打印机会发出蜂鸣声，喷嘴和打印平台会停止加热。

② 拧下平台底部的 2 个螺丝，从打印机上撤下打印平台。

③ 慢慢滑动铲刀，在模型下面把铲刀慢慢地滑动到模型下面，来回撬松模型。切记在撬模型时要佩戴手套以防烫伤。

（8）移除支撑材料

模型由两部分组成。一部分是模型本身，另一部分是支撑材料。

支撑材料和模型主材料的物理性能是一样的，只是支撑材料的密度小于主材料。所以很容易从主材料上移除支撑材料。

图 6-20 打印产品

打印产品如图 6-20 所示。

任务拓展

完成如图 6-21 所示零件打印并装配。效果如图 6-22 所示。

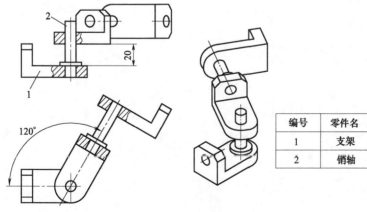

编号	零件名	数量
1	支架	3
2	销轴	2

图 6-21

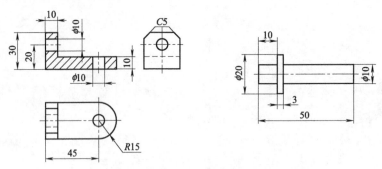

图 6-21 拓展

图 6-22 打印实物

3D打印及机械创新设计大赛样题

最近十年，数字化设计制造类大赛从数量到技术含量得到了全面快速提升，这些比赛加速了新技术在制造类专业中的应用，着重凸显以赛促教、以赛促学，在全国推广和普及三维数字化技术方面取得了卓越成效，培养和选拔了一大批优秀的应用型技术人才。

本附录中展示了两项大赛的样题，并进行了简单解析，其中绘图和 3D 打印的部分，提供了使用 Fusion 360 和太尔时代 3D 打印机的制作流程，供参考。

一、2018 年全国数控大赛决赛——计算机程序设计员赛项学生组赛题

1. 工作任务

某玩具公司设计部拟开发一种使用 CO_2 气体驱动的简易 F1 赛车模型，赛车组成结构见图 1（①～③要求制作，④～⑧是给定的），它依靠 8g 二氧化碳气瓶作为动力，驱动车模在直线轨道上运动，轨道装置上有一条牵行线穿过车模底部的两个羊眼螺钉，从而保证车模高速直线运动时紧贴轨道表面。现要求两名选手协同工作，在满足设计及工艺约束条件情况下，以获得最佳的气动外形和竞速性能、最佳零件加工质量和整车外观质量为目标，完成下列工作：（1）在 5 小时比赛时间内完成前翼/尾翼/车身零件（图 1 表中序号 1、2、3 零件）的设计、加工和装配测量；（2）在比赛时间外完成整车的涂装、贴图和竞速测试。

2. 设计与加工规范

（1）设计规范

① 总体结构要求。只能设计加工图图 1 指定的三个零件，不能增加其他任何零件；前翼尾翼的设计至少包括翼型结构和支撑结构两个特征，要求能够不借助外物工具就可以将前翼和尾翼固定到车身并能拆卸，前翼/尾翼和车身装配

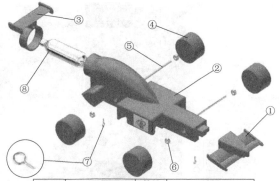

序号	零件	数量	材料
①	前翼	1	三维打印PLA
②	车身	1	代木，密度0.55
③	尾翼	1	三维打印PLA
④	车轮	4	塑料
⑤	车轴	2	不锈钢 $\phi3\times60$
⑥	轴承	4	$\phi3\times\phi6\times2.5$
⑦	羊眼螺钉	2	0#
⑧	CO_2 气罐	1	8g气体，$\phi18\times66$

图 1 F1 车模的组成与结构

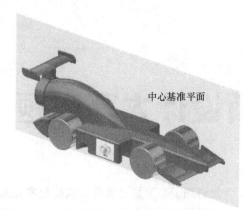

图 2 中心基准平面

后不能松动和变形；CO_2 气罐腔室必须和车身一体，腔室外表面必须是光滑曲面；翼型设计必须符合空气动力学原理，尾翼采用单翼片设计，前翼采用双翼片设计；全部零件装配完成后整车重量不能超过 180g。

② 中心基准平面。为了测量赛车加工及装配质量，我们定一个中心基准平面（图 2），该平面通过 CO_2 气罐室中心线并且垂直于轨道表面，测量车模时不安装 CO_2 气罐。

③ 装配总体要求（图 3）。【总长度】AD01＝220±0.5mm：测量时不要放置气罐，取组装车前端和末端之间最长距离作为总长度；

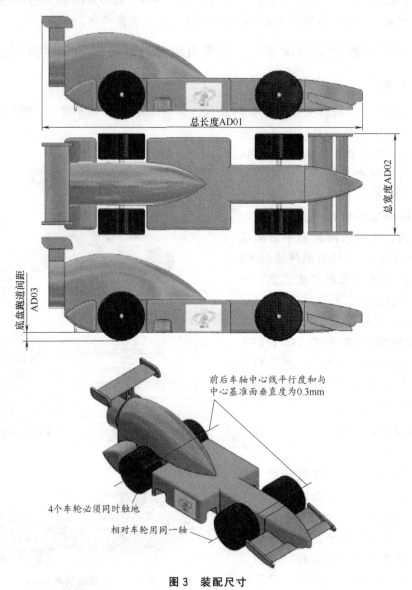

总长度AD01

总宽度AD02

底盘跑道间距 AD03

前后车轴中心线平行度和与中心基准面垂直度为0.3mm

4个车轮必须同时触地

相对车轮用同一轴

图 3 装配尺寸

【总宽度】AD02≤85mm±0.5mm：测量时应该垂直中心基准平面，取最宽部件外边缘之间的距离作为最大宽度；

【底盘跑道间距】AD03≥2±0.2mm：是指除车轮外，车底部任何一个组件与跑道表面的最小距离；

【前后轮轴形位公差】所有的四个轮子必须同时碰到赛道表面，前后轮轴线平行度为0.3mm，与中心平面垂直度0.3mm。

④ 车轮的可视性。俯视和侧视可以看到车轮，前视图车轮被前翼部件遮最大高度是15mm，如图4表示。

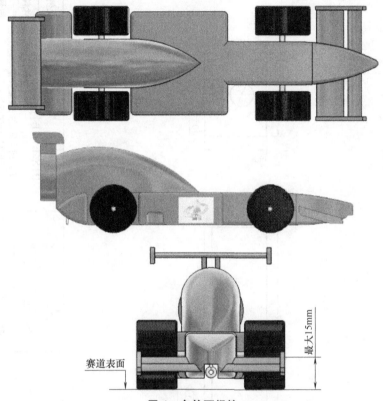

图 4　车轮可视性

（2）产品加工规范

① 车身零件的加工使用统一的毛坯材料、刀具和夹具。车身零件必须使用 CNC 数控机床进行加工，采用密度 0.55～0.65g/cm³ 代木材料。装夹方式使用机床统一配置的铝合金夹具，如图5通过毛坯底部开螺纹孔将车身工件固定。

赛场提供代木毛坯见图6。

② 三维打印。赛车的前翼和后

图 5　毛坯装夹方式

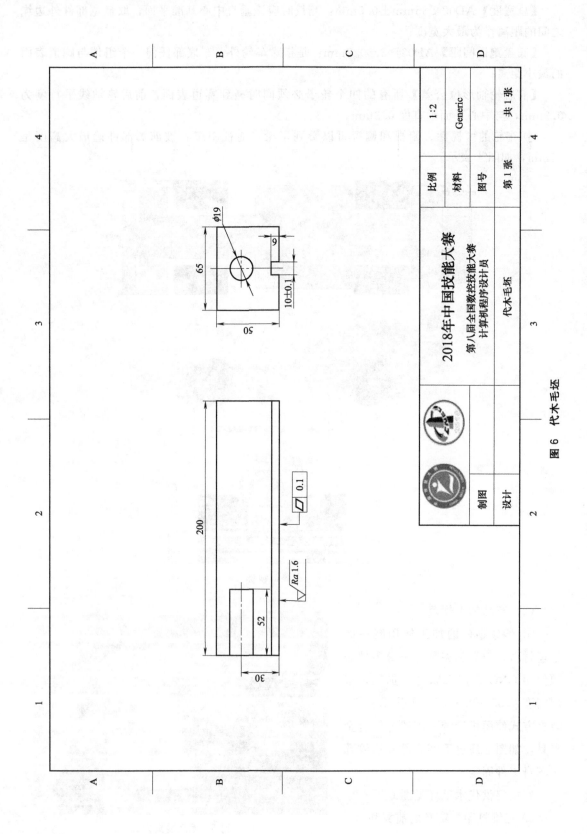

图 6　代木毛坯

翼要求使用三维打印机完成加工。赛前须向厂商了解 PLA 打印材料的物理特性,尤其是收缩率的大小会影响到装配的松紧程度,另外可以打印出的最小壁厚和最小孔径要有所了解,打印参数由选手自己决策。

③ 加工精度控制。车身加工精度:长度和直径尺寸的公差控制在±0.3 范围内,角度公差控制在±10 内,圆角和半径公差控制在±1.5 范围内,表面粗糙度介于 $Ra0.8\sim3.2$,平行度/垂直度按设计规范要求,三维打印工件的长度和直径尺寸,公差控制在±0.5 以内。

3. 工作任务流程

比赛时间共 5 个小时,分两个阶段完成,第一阶段为设计加工时间,4 个小时;第二阶段为产品检测评分时间,1 个小时;车模的外观装饰和跑道竞速不计入比赛时间。

4. 赛题要点解析

本项目由 2 人组队参赛,考察参赛选手的产品设计能力、三维建模能力、机械制图能力、3D 打印能力、五轴数控加工能力、三维扫描能力、模型手工组装与喷涂能力等。样题的设计、建模与 3D 打印要点解析如下。

(1)在赛前根据样题对产品进行提前设计,准备 2~3 套设计方案。设计模型要有一定的可变更余地,针对比赛时可能出现的赛题变化,可进行气瓶高度、轴距、离地间隙、车轮与车身间隙等尺寸的变化。

(2)车身的美观和空气动力学性能是一项重要的考核内容,在设计时尽量使用流线型的车身,前翼和尾翼要与车身曲面光顺连接,图 7 是本书提供的设计图,供参考。

图 7 赛车设计结构样图

(3)比赛时所有建模和图纸生成都要在现场完成,因此在训练时要不断提升建模和图纸生成的操作速度,从而保留更多的时间用于加工和 3D 打印。

(4)设计模型要充分考虑制造工艺性,车身部分使用代木材料进行五轴加工。第一方面要考虑加工的工艺性,使用赛场提供的工具能够快速有效地加工出来;第二方面要考虑曲面加工的精细程度,越是复杂和精细的曲面加工的时间越长;第三方面要考虑材料本身的强度,避免应力集中和强度不足,在加工过程或装配过程中出现车身断裂。

(5)在设计时注意控制整车的重量,车辆太轻和太重都不利于最后的竞赛成绩,一般认为 70~90g 的赛车重量有利于保证较快的车速,但更轻的车身意味着更大的切削去除量,在训练时要权衡加工时间和性能之间的关系。

(6)3D 打印使用 FDM 桌面级打印设备,使用 PLA 的打印材料,需打印前翼和尾翼,在设计时应考虑打印的工艺和材料的强度，尽量减少支撑材料的使用。PLA 材料本身强度不高，在组装和比赛过程中易断裂，在设计时要保证打印零件的强度，避免应力集中情况。

（7）3D 打印设备的性能要提前了解，赛前训练要不断测试设计图样的打印时间，不断修正设计方案，平衡打印时间、产品强度和产品美观程度之间的关系。

二、2018 年全国机械行业职业院校技能大赛——"太尔时代杯"产品创新设计与快速成型技术大赛中职组赛题

1. 内容

此次比赛项目包含以下内容：

① 试题（打印）一份；

② 建模工程图（打印，A3，1 张）；

③ 提供的数据（STEP 格式），位于文件夹：\提供数据；

④ 实物零件若干。

2. 工作任务

多功能手摇钻可用于钻孔、切割、磨刀等多种用途。本项目需要完成多功能手摇钻部分零件的设计，将设计的零件用 3D 打印机打印出来后进行装配，生成零件工程图。

注意：比赛所有任务，包括零件的 3D 打印，需要在 4 小时内完成。

手摇钻主要结构见图 8。

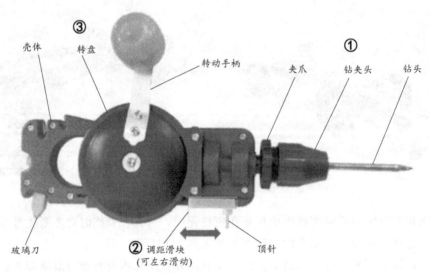

图 8 手摇钻主要结构

（1）零件建模和设计

① 根据打印的图纸，创建零件"钻夹头"模型，文件保存为"Chuck"。配合特征（螺纹）的尺寸可微调，以满足 3D 打印后装配的要求。

② 手摇钻底部有一滑块零件，可在壳体滑槽内左右滑动，调整顶针与玻璃刀的距离，对玻璃、瓷砖等进行画圆或弧形切割，顶针与玻璃刀的距离调整范围为 45～135mm，如图 9 所示。

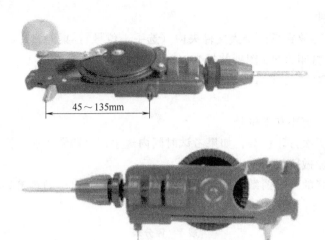

图 9 顶针与玻璃刀的距离范围

观察相关实物零件，测量必要的尺寸，完成"调距滑块"的设计。要求如下。

• 文件名：Slider。

• 设计滑槽特征，使滑块可装夹在壳体底部并左右滑动；要求有一定的夹紧力，在不用力推动的情况下，滑块不容易滑动移位，保证切割工作的稳定性。

• 设计装夹顶针零件的凹槽特征，要求顶针装入后不易脱落。

• 零件体积不超过 $3800mm^3$。

（2）打印零件

使用赛场提供的 3D 打印成型设备和操作软件，打印钻夹头零件"Chuck"和调整滑块零件"Slider"，要求如下。

① 自行设置打印参数，生成打印文件并保存。

② 需在比赛时间内完成所有零件的打印，打印次数不限，选择最好的零件提交。

③ 将打印完成的零件进行去除支撑、基本的修整等后处理。

（3）生成工程图

① 在一张 A3 图纸上，比例自定，创建以 STEP 格式提供的零件"Drive Wheel"的详细工程图，要求如下。

• 齿形特征的参数为：模数＝1.435mm，齿数＝54。

• 生成必要的投影视图和辅助视图清晰表达零件；包含一个此零件的不着色、等轴测视图。

• 完整尺寸标注，精确到 0.0。

• 标注表面粗糙度；根据装配体功能，添加配合、几何形位公差。

• 图纸和标注符合 GB 或 ISO 标准。

② 在第二张 A3 图纸上，比例自定，创建钻夹头零件"Chuck"的工程图，要求如下。

• 包含一个正投影视图和一个半剖视图，无需标注尺寸。

• 放置 2 个不同角度的不着色、等轴测视图，能显示零件的主要特征。

• 标注零件体积，单位 mm^3，精确到个位。

③ 打印图纸，图纸尺寸为 A3。

（4）提交的文件

① 全部数据均存放在桌面个人文件夹内（选手工位号）：桌面 \ XX。

② 所有图纸均打印为 A3 图纸并提交（2 张）。

③ 3D 打印的零件（2 个）。

注意：

· 图纸标题栏一定要有工位号；

· 每名选手有两次打印机会，如果考试时间内选手仅打印了 1 次，则在比赛结束后还可以打印一次（但不能做任何图文上的修改）；

· 选手选择最好的一张图纸上交，正式提交的图纸要有自己的亲笔签名。

3. **评分表**（表 1）

表 1　评分表

模块	内　　容	分数
A1	零件建模	20
A2	设计和打印	40
A3	工程图	40
总分：		100

4. 赛题要点解析

本赛项为单人参赛，考察了参赛选手的机械设计知识、三维建模能力、机械制图能力、3D 打印能力、模型后处理能力等。在此对样题进行一下要点解析。

· 本赛项为封闭赛题，因此在赛前无法得知具体的考试内容，因此在训练过程中要不断进行设计和打印训练，掌握打印机的性能和故障排除方法。

· 要熟知机械设计相关知识和数据计算方法，对各种传动的参数以及零部件制图表达方法进行专项的训练。

· 对打印机的切片软件设定要十分了解，通过赛前的 3D 打印训练，不断确定最优的切片参数和打印参数。

· 3D 打印机打印的模型，会有一定的收缩率，而且各方向收缩率是不同的，因此在训练时要使用同规格的打印机进行反复训练，在打印时对模型进行打印微调，确保打印产品的尺寸准确性。

· 打印模型的质量很重要的影响因素是后处理，通过对模型的手工修磨和切削，可以使模型的表面质量和尺寸精度更高，在赛前要对模型后处理技术进行重点训练。

· 注意控制打印时间，通过支撑材料、打印填充比例、壳体厚度等参数，控制模型的整体打印时间。

· 钻夹头零件有螺纹结构，在设计时要留有足够的间隙，确保打印的零件能够顺利拧紧。

· 工程图的评分比重较大，且评分项较多，但同时也是较易拉开得分差距的部分，因此在训练时要加强制图标准的练习。

· 学会图纸打印的方法，在训练时要搭建网络打印机的打印环境，选手对图纸的方向、打印比例、打印样式要十分熟悉，确保在打印时一次完成。

图 10 为钻夹头工程图，表 2 为本次比赛的评分得分点，供读者在练习时参考。

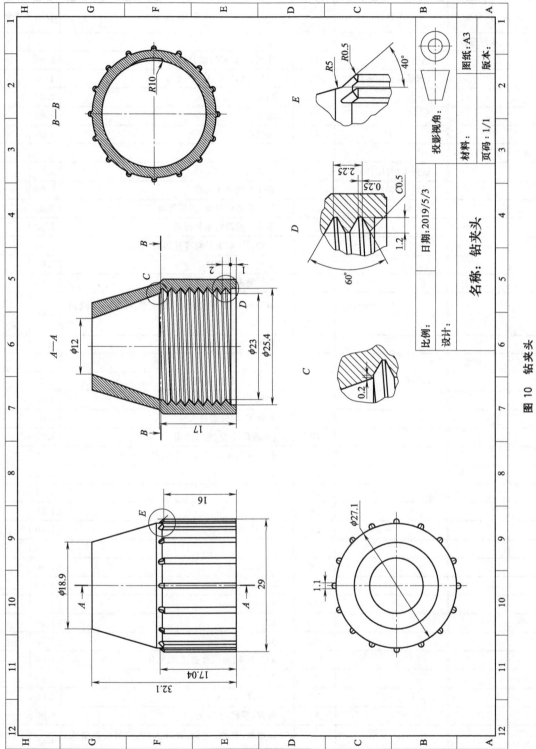

图 10　钻夹头

表 2　评分得分点

姓名：_____　　　　　　　得分：_____

	评分项	评分点	Judg Score	详细描述	分值	得分
A1	零件建模					
		钻夹头	V0	体积：±1.5％，满分：±3％，一半分	8.00	
		（图纸或打印零件）	F1	特征：筋，2分，16个，2分	4.00	
			F2	圆角	2.00	
			F3	圆孔	2.00	
			F4	螺纹特征	4.00	
A2	设计与打印					
		钻夹头（打印件）		可装配	5.00	
		滑块（打印件）		能装配到壳体滑槽	5.00	
				可在滑槽内滑动，调整距离	5.00	
				不用力推动时不易滑动	5.00	
				滑动时不会被转盘零件阻碍	4.00	
				能装夹顶针零件	5.00	
				顶针装夹后不易脱落	5.00	
				顶针装配后高度合适，能实现画圆或弧线的动作	4.00	
				体积不超过 3800mm³	2.00	
A3	工程图					
		零件图	V1	不着色等轴测视图	1.00	
			V2	剖视图（2个孔特征）	1.00	
			V3	剖视图（加强筋特征）	1.00	
			D1	ϕ3 通孔，2个，各1.5分	3.00	
			D2	孔特征尺寸：9,29（或20），各1.5分	3.00	
			D3	2	1.50	
			D4	72°	1.50	
			D5	9	1.50	
			D6	2.2 或 10.3	1.50	
			D7	ϕ69	1.50	
			D8	ϕ13.5	1.50	
			D9	12.5	1.50	
			D10	8	1.50	
			D11	153°	1.50	
			D12	ϕ67	1.50	
			D13	ϕ27，1.5分；配合公差：2.5分	4.00	
			T1	基准 A	3.00	
			T2	垂直度	3.00	
			T3	齿数，模数，各2分	4.00	
			T4	标题栏：名称、比例、设计人（工位号）、图纸大小，各0.5	2.00	

参 考 文 献

[1]　宋培培. AUTODESK FUSION 360 官方标准教程. 北京：电子工业出版社，2017.

[2]　何超. Autodesk Fusion 360 自学宝典. 北京：机械工业出版社，2018.

[3]　魏峥. UG NX 应用与实训教程. 北京：清华大学出版社，2015.

[4]　王兰美. 画法几何及工程制图（机械类）. 北京：机械工业出版社，2019.